Justyna Pawlonka

Polimery biodegradowalne

Justyna Pawlonka

Polimery biodegradowalne

Badania ich rozkładu w warunkach naturalnych

Wydawnictwo Bezkresy Wiedzy

Impressum / Imprint
Bibliografische Information der Deutschen Nationalbibliothek: Die Deutsche Nationalbibliothek verzeichnet diese Publikation in der Deutschen Nationalbibliografie; detaillierte bibliografische Daten sind im Internet über http://dnb.d-nb.de abrufbar.

Informacja bibliograficzna Niemieckiej Biblioteki Narodowej: Niemiecka Biblioteka Narodowa rejestruje tę publikację w Niemieckiej Bibliografii Narodowej; szczegółowe informacje bibliograficzne dostępne są w Internecie na stronie http://dnb.d-nb.de.

Coverbild / Okładka: www.ingimage.com

Verlag / Wydawnictwo:
Wydawnictwo Bezkresy Wiedzy
ist ein Imprint der / jest znakiem handlowym
OmniScriptum GmbH & Co. KG
Heinrich-Böcking-Str. 6-8, 66121 Saarbrücken, Deutschland / Niemcy
Email: info@bezkresywiedzy.com

Herstellung: siehe letzte Seite /
Druk: patrz ostatnia strona
ISBN: 978-3-639-89047-1

Spis treści

WYKAZ STOSOWANYCH SKRÓTÓW I SYMBOLI

AAC – kopolimer alifatyczno-aromatyczny

AFM – (ang. Atomic Force Microscopy)-mikroskopia sił atomowych

ASTM – (ang. American Society for Testing and Materials)-Amerykańskie Stowarzyszenie Badań i Materiałów

ATP – adenozynotrifosforan

BOD – biochemiczne zapotrzebowanie na tlen

CEN – (fr. Comité Européen de Normalisation)-Europejski Komitet Normalizacyjny

COBRO – Centralny Ośrodek Badawczo-Rozwojowy Opakowań

DIN – (niem. Deutsches Institut für Normung)-Niemiecki Instytut Normalizacyjny

DSC – (ang. Differential Scanning Calorimetry)-różnicowa kalorymetria skaningowa

EN – Norma Europejska

FT-IR – (ang. Fourier Transform Infrared Spectroscopy)-spektroskopia w podczerwieni z transformatą Fouriera

HD-PE – (ang. High Density Polyethylene)-polietylen wysokiej gęstości

IBAW – (niem. Interessengmeinschaft Biologisch Abbaubare Werkstoffe)-Niemieckie Stowarzyszenie Producentów Materiałów Biodegradowalnych

ISO – (ang. International Organization for Standarization)-Międzynarodowa Organizacja Normalizacyjna

LD-PE – (ang. Low Dencity Polyethylen)-polietylen niskiej gęstości

NAD+ - forma utleniona dinukleotydu nikotynoamidoadeninowego

NADP+ - kation fosforanowy NAD+

NMR – (ang. Nuclear Magnetic Resonance)-spektroskopia magnetycznego rezonansu jądrowego

p(3HB-CO-3HV) – kopolimer kwasów polihydroksywalerianowego i masłowego

PAS – (ang. Photoacustic Spectroscopy)-spektroskopia fotoakustyczna

PBS – polibursztynian butylenu

PBSA – kopoliester PBS z adypinami

PCL – poli(ε-kaprolakton)

PE – polietylen

PEG – poli(glikol etylu)

PET – poli(tereftalan etylu)

PHA – polikwas hydroksyalkanowy

PLA - polilaktyd

PP – polipropylen

PS – polistyren

PVAL – poli(alkohol winylowy)

PVC – poli(chlorek winylu)

PVdC – poli(chlorek winylidenu)

SEM – (ang. Scanning Electron Microscopy)-elektronowa mikroskopia skaningowa

TDPA – Totally Degrdable Plastic Additive

TPS – skrobia termoplastyczna

XPS – (ang. **X**-ray **P**hotoelectron **S**pectroscopy)-rentgenowska spektroskopia fotoelektronów

XRD – (ang. X-ray Diffraction)-rentgenografia strukturalna

I. CZĘŚĆ TEORETYCZNA

I.1. Wprowadzenie

Postęp techniczno-cywilizacyjny wiąże się z pojawieniem się zagrożeń ze strony nowych substancji bądź produktu. W 1969 r. podczas Sesji Organizacji Narodów Zjednoczonych (ONZ) sekretarz generalny U. Thant po raz pierwszy poruszył właściwą wagę problemów środowiska. W raporcie „Człowiek i środowisko" przywołał kwestie obfitości dóbr, przestarzałych technologii, nagannego gospodarowania dobrami naturalnymi oraz wpływu populacji, jako „główne czynniki odpowiedzialne za skażenie środowiska". Od tej pory powstało i przyjęto wiele dokumentów (np. Agenda 21 – II konferencja ONZ, 1992, Rio de Janeiro) ukazujących możliwości oraz kierunki długotrwałego rozwoju gospodarczego jak i wytyczne dotyczące działań środowiskowych na XXI wiek. Podjęto szereg działań, do których należą ratyfikowanie przez ONZ tzw. Światowej Karty Przyrody w 1992 r., uchwalenie w 1990 r. międzynarodowej ustawy o zapobieganiu zanieczyszczeniom (Pollution Prevention Act) oraz wprowadzenie w życie idei zielonej chemii [1]. Działalność ekologiczna i edukacja, w ramach polityki zielonej chemii, stały się rezultatem koncepcji zrównoważonego rozwoju. Polska przyjęła wytyczne Agendy 21 w 1997 r. w Konstytucji RP i Polityce Ekologicznej [2].

Elementem rozwoju gospodarczego jest ciągły wzrost produkcji towarów i związanej z tym liczby opakowań, których nie można wyeliminować z codziennego użytku. Opakowania produkowane są z materiałów takich jak: papier i tektura, metale, drewno, szkło oraz tworzywa sztuczne. Te ostatnie to głównie: polietylen (PE), politereftalan etylenu (PET), polichlorek winylu (PVC), polistyren (PS) i polipropylen (PP), otrzymywane z produktów ropopochodnych. Obecnie produkowanych i stosowanych jest około 5000 różnych polimerów będących składnikami wielu wyrobów przemysłowych, odzieży, opakowań i artykułów gospodarstwa domowego [3]. Przez wzgląd na swoją funkcjonalność, niską cenę oraz łatwość formowania skomplikowanych kształtów, wykorzystanie tworzyw sztucznych rośnie mimo ich trudnej degradacji (proces ich rozkładu trwa nawet setki lat) [4]. Światowe zużycie tworzyw sztucznych (bez polimerów używanych przy produkcji klejów, farb, włókien, pokryć powierzchniowych, dyspersji itp.) wzrosło od 1990 roku z 86 mln do 190 mln ton w 2004 roku i do 215 mln ton w 2007 roku. Prognozy PlasticEurope przewidują utrzymanie dość szybkiego wzrostu zapotrzebowania, około 5% rocznie, do 2015 roku, w którym światowe zużycie ma wynosić ponad 330 mln ton. Postęp cywilizacyjny wymusza wzrost zapotrzebowania na tworzywa polimerowe stosowane do celów inżynieryjnych i konstrukcyjnych w wytwarzaniu dóbr konsumenckich. W Tabeli 1. zestawiono wielkość zużycia polimerów w Polsce i prognozę na rok 2015.

Tabela 1. Wielkość i bazowa prognoza wzrostu zużycia polimerów w Polsce do 2015 roku [tys. ton/r.] [5]

Polimery	Lata					
	2005	2006	2007	2008	2010	2015
Polimery masowego stosowania	1718,0	1928,0	2200,0	2097,0	2314,0	2878,0
Polimery inżynieryjne i konstrukcyjne	107,4	130,5	165,3	167,8	199,3	267,0
Poliuretany	131,0	144,0	177,0	172,0	195,0	244,0
Inne polimery i żywice	461,0	508,5	878,3	660,2	751,9	980,1
Superabsorbenty (poliakrylowe)	15,3	12,4	14,8	14,2	15,0	18,0

Razem	2432,7	2723,4	3435,4	3111,2	3475,2	4387,1

Problem odpadów z tworzyw sztucznych

Wszystko kiedyś staje się odpadem, dlatego szybki wzrost konsumpcji tworzyw polimerowych prowadzi do szybkiego wzrostu strumienia ich odpadów. W 2008 r. na obywatela Unii Europejskiej przypadało 524 kg odpadów komunalnych, gdzie w tym czasie na jednego Polaka 320 kg. Prawie 90% tych odpadów składowanych było na 1000 legalnych i około trzykrotnie większej liczbie nielegalnych składowisk. Czas użytkowania produktów polimerowych w gospodarce i gospodarstwie domowym wynosi od 1 roku do 50 lat. Przeciętny cykl życia przedmiotów z tworzyw sztucznych to około 8 lat, zaś w przypadku opakowań czas życia około 40% nie przekracza miesiąca. Pochodzenie odpadów z tworzyw sztucznych, a także sposób ich zagospodarowania można podzielić na przemysłowe i komunalne. Pierwsze to zwykle uboczne produkty lub nieudane elementy w dużej ilości, często charakteryzujące się dużą czystością, homogenicznością oraz brakiem nieznanych domieszek. Odpady komunalne składają się głównie z odpadów organicznych, papieru, szkła, metali i tworzyw sztucznych. Frakcja polimerowa to mieszanina około 78% termoplastów (PE, PP, PS, PVC, PET), pozostałe to duroplasty – głównie żywice epoksydowe i poliestrowe. W celu powtórnego użycia materiałów polimerowych niezbędne jest ich oddzielenie od pozostałych odpadów, co jest bardzo uciążliwe. Najefektywniejszym sposobem jest segregacja już w gospodarstwie domowym. Mimo precyzyjnego znakowania wyrobów i coraz lepszych metod automatycznego sortowania (podczerwień, fluorescencja rentgenowska, metody elektrostatyczne, flotacja), metody rozdziału charakteryzuje niska rentowność, niewystarczająca skala i ograniczona przydatność powstałych materiałów o niższej trwałości. Z powodu trudności segregacji odpadów rozsądnym sposobem wydaje się utylizacja przez wspólne spalanie odpadów komunalnych. Dzięki obecności poliolefin, odpady polimerowe mają wysoką wartość opałową porównywalną z wartością opałową węgla kamiennego, wynoszącą około 30 MJ/kg [6].

Około 71% odpadów polimerowych stanowią polimery masowego stosowania (PE, PP, PS, PVC, PET). Ponad połowę ogółu odpadów tworzą poliolefiny i PET o krótkim czasie życia (maksymalnie 2 lata). Blisko 11% stanowią frakcje mieszane, które są niedostępne do procesów obrotu wtórnego lub recyklingu materiałowego, ale dające się wykorzystać jako wsad do recyklingu energetycznego. Frakcje mieszane można też wykorzystać w procesie recyklingu surowcowego zarówno częściowego, z zastosowaniem pirolizy, jak i niemal całkowitego, z wykorzystaniem procesu zgazowania. 60% frakcji polimerowej stanowią opakowania [6].

Najczęściej stosowanymi metodami optymalnego gospodarowania odpadami (w UE) są: odzysk surowców wtórnych, spalanie, kompostowanie. Recykling i spalanie wiążą się z dużymi kosztami i problemami technologicznymi. Kompostowanie lub unieszkodliwianie w warunkach naturalnych nie może być stosowane w przypadku opakowań polimerowych. Rozporządzenia UE określają daty wdrożenia systemu redukcji odpadów, według których poziom odzysku odpadów opakowaniowych powinien wynosić 60% do 2014 r., na drodze np. spalania z odzyskiem energii. Pierwsza z zasad zielonej chemii mówi o innym rozwiązaniu, czyli zapobieganiu powstawania odpadu na etapie jego projektowania. Już na etapie koncepcji powstawania produktu powinno się odpowiednio dobierać surowce i technologie o mniejszym wpływie na środowisko. Zarówno według czwartej zasady Zielonej Chemii, jak i ekonomii bardzo ważna jest odnawialność zasobów, tak jak w przypadku skrobi czy celulozy (biopolimerów), które przez naturalny rozkład nie stwarzają problemu ich utylizowania. W wyniku tego próby wykorzystania surowców odnawialnych rozpoczęto w wielu dziedzinach życia m.in. przemyśle opakowaniowym [2].

Polska ustawa o opakowaniach i odpadach opakowaniowych z 2001 r. oraz Europejska Dyrektywa 94/62/EC mówią o konieczności utylizowania odpadów opakowaniowych przez recykling albo spalenie z odzyskiem energii. Dostępne są obecnie definicje i standardy Amerykańskiego Stowarzyszenia Badań i Materiałów (ASTM), Europejskiego Komitetu Normalizacyjnego (CEN) oraz Międzynarodowej Organizacji Normalizacyjnej (ISO) odnoszące się do recyklingu zarówno materiałowego jak i energetycznego, biodegradacji oraz kompostowania [7].

Od kilku lat tematowi ekologicznych opakowań towarzyszy projekt ustawy o gospodarce opakowaniami i odpadami opakowaniowymi, której ideą jest wyeliminowanie długo rozkładających się folii. W świetle zapisów ustawy opakowania biodegradowalne to opakowania kompostowalne, a nie biodegradowalne w środowisku naturalnym. Istnieje wiele problemów z precyzyjnym definiowanie biodegradowalności. Zarówno standard EN13432 jak i ISO 17088 skoncentrowane są na tworzywach kompostowalnych. Tworzywa sztuczne są korzystnym źródłem energii, stąd kompostowanie jest nieekonomiczne. Wiadomo, że w Polsce dostępność kompostowni jak i instalacji do spalania z odzyskiem energii, jest ograniczona. W związku z tym preferowane powinny być opakowania przydatne do recyklingu materiałowego.

I.2. Degradacja polimerów

Przez lata tworzywa sztuczne były udoskonalane, w celu otrzymania trwałego materiału odpornego na warunki środowiskowe. Degradacja polimerów obejmuje zarówno procesy powodujące zmniejszenie ich masy cząsteczkowej jak również te, których wynikiem jest sieciowanie lub tworzenie struktur rozgałęzionych. Starzenie się polimerów dotyczy rozkładu tworzyw sztucznych pod wpływem sumy wszystkich czynników chemicznych i fizycznych, które oddziałują w czasie ich użytkowania i przechowywania [8]. Działanie tych czynników prowadzi do pogorszenia właściwości fizyko-chemicznych i eksploatacyjnych tworzyw. Na starzenie się tworzyw polimerowych składają się dwa zasadnicze procesy: degradacja i destrukcja. Procesy te mogą występować jednocześnie i jeden z nich może być dominujący, w zależności od warunków. Degradacja polimerów polega na częściowym rozkładzie dużych makrocząsteczek na fragmenty o mniejszym ciężarze cząsteczkowym, przez m.in. zrywanie wiązań łańcucha głównego makrocząsteczki i odłączanie kolejnych fragmentów. Degradacja zachodzi pod wpływem czynników chemicznych, fizycznych i biologicznych, względem których wyróżniono kilka rodzajów degradacji [7]:

- ciepło (degradacja termiczna, termodegradacja),
- obecność powietrza (degradacja oksydacyjna),
- światło słoneczne – promieniowanie UV/Vis (fotodegradacja),
- promieniowanie jonizujące – gamma i rentgenowskie (degradacja radiacyjna),
- siły mechaniczne (mechanodegradacja),
- woda, kwasy, zasady (degradacja hydrolityczna),
- czynniki atmosferyczne (degradacja atmosferyczna),
- czynniki biologiczne (biodegradacja) [8-10].

Podział taki bywa często umowny, z powodu występowania najczęściej jednoczesnego oddziaływania wielu czynników na tworzywo. Intensywność i charakter procesów powodujących rozkład, decydują o przebiegu i zakresie degradacji. Destrukcją natomiast nazywany jest proces przemiany polimeru w inne małocząsteczkowe związki chemiczne lub pierwiastki. Na przykład produktem destrukcji PVC jest chlorowodór, nie zaś chlorek winylu. Destrukcję powodują na ogół te same czynniki, które wywołują degradację [7].

Degradacja termooksydacyjna jest najpoważniejszą przyczyną starzenia polimeru i zauważalna jest już w temperaturze pokojowej. Przyjmuje się, że destrukcja utleniająca większości polimerów zachodzi według mechanizmu rodnikowego.

Zaś najefektywniejszą formą niszczenia polimerów w warunkach rzeczywistego przechowywania i eksploatacji jest fotodegradacja. W pierwszym etapie fotolizy polimeru dochodzi do pochłonięcia kwantu promieniowania i przejście w stan wzbudzony. Potem możliwe jest atomowe (rzadziej cząsteczkowe) odłączenie atomu wodoru z utworzeniem makrorodnika [7].

$M + h\nu \rightarrow M^*$ (inicjacja) (1)

$M^* \rightarrow H_2 + \sim CH_2 - CH = CH - CH_2 \sim$(oddzielenie cząsteczkowe) (2)

$M^* \rightarrow R^{\cdot} + H^{\cdot}$ (oddzielenie atomowe) (3)

Gdzie: M-makrocząsteczka w stanie podstawowym.

Dalsze przekształcenie rodnika R zależy od budowy polimeru. Jeżeli makrorodnik polimeru zawiera grupy boczne w położeniu β, to podczas fotolizy następuje odłączenie tej grupy, bez zmiany łańcucha głównego. Jeśli makrorodnik nie ma grup w takim położeniu, fotoliza prowadzi do zrywania wiązań łańcucha głównego. Promieniowanie znacznie wzmacnia degradację oksydacyjną [7]. Pod wpływem tlenu atmosferycznego ma miejsce utlenianie do grup polarnych takich jak wodoronadtlenkowe –OOH, karboksylowe –COOH, wodorotlenowe –OH, ketonowe C=O [11].

Naprężenia mechaniczne nie tylko powodują zrywanie łańcuchów polimerowych, ale także wzmacniają działanie promieniowania, tlenu czy ciepła. Fibryle, podstawowe elementy struktury nadcząsteczkowej polimeru, składają się na przemian z obszarów krystalicznych (uporządkowanych) i amorficznych (nieuporządkowanych). Naprężenia mechaniczne powodują rozrywanie lub uaktywnienie długich łańcuchów cząsteczkowych oraz wiązań poprzecznych. Nie dochodzi do uaktywnienia ani odgałęzień ani grup czy atomów, stanowiących otoczenie łańcuchów głównych. Proces degradacji mechanicznej zachodzi według mechanizmu wolnorodnikowego. Mechaniczny rozpad naprężonych wiązań z utworzeniem jonów wymaga dużego nakładu energii. W przypadku degradacji mechanicznej centra aktywne rozpadu powstają na krańcach zniszczonych makrocząsteczek, w przeciwieństwie do centrów aktywnych powstających podczas termodegradacji i oksodegradacji [12].

Degradacja wstępna polimerów zachodzi głownie według mechanizmu rodnikowego, rodnikowo-łańcuchowego, jonowego i molekularnego. Mechanizmy rodnikowe i rodnikowo-łańcuchowe pełnią największa rolę w degradacji termicznej, termooksydacyjnej, radiacyjnej i fotochemicznej. W degradacji polimerów uczestniczą rodniki, jony oraz powstałe w tym procesie aktywne cząsteczki nietrwałe. W degradacji związków wielkocząsteczkowych najbardziej aktywne są różnego rodzaju makrorodniki. Powstawanie rodników zauważono podczas destrukcji termicznej i termooksydacyjnej. Natomiast w przypadku fotodegradacji, degradacji mechanicznej oraz radiacyjnej istotną rolę odgrywają tzw. „pary rodnikowe", których obecność została wykryte w czasie rozkładu PE, PP, PVAL, celulozie, PS i innych. Do małocząsteczkowych rodników zaliczane są rodniki inhibitorów i stabilizatorów, powstałe w wyniku rozerwania łańcucha przez utlenianie, wzajemnie odziaływanie inhibitorów lub działanie pochodnych nadtlenku wodoru. Rozpad takich pochodnych nadtlenku wodoru o charakterze molekularnym inicjuje wymuszone rozgałęzianie. W rozkładzie polimerów istotne są procesy migracji centów aktywnych, co umożliwia destrukcje polimeru w całej objętości [7].

W przypadku opakowań najczęściej używa się terminów hydro-biodegradacja i okso-biodegradacja. Uwzględniają one wstępne procesy zmniejszenia masy cząsteczkowej polimerów. Rysunek 1 przedstawia mechanizm biodegradacji polimerów o różnej strukturze łańcucha głównego. Pierwszy z procesów dotyczy bioasymilacji celulozy, skrobi, poliestrów i poliamidów, polimerów zawierających heteroatom w strukturze łańcucha głównego. W wyniku hydrolizy, katalizowanej przez enzymy, otrzymywane są związki o małej masie cząsteczkowej, które później są przyswajane przez mikroorganizmy. Najszybciej rozkładane są polisacharydy, ponieważ otrzymywane cukry są łatwo przyswajalne przez większość drobnoustrojów. Biodegradacja poliestrów musi być poprzedzona hydrolizą, której produktami są m.in kwasy dikarboksylowe, hydroksykarboksylowe oraz diole. Analogiczny proces, okso-biodegradacja, dotyczy polimerów o łańcuchach węglowych, odpornych na działanie wody. W tym przypadku degradacja oksydacyjna i fotodegradacja są najistotniejszymi etapami, bez których biodegradacja tego typu polimerów nie zostanie zapoczątkowana. Są to nie tylko syntetyczne poliolefiny ale także substancje naturalne jak guma. W wyniku działania środowiska polimery nie składają się z samych węglowodorów, ale zawierają znaczna ilość hydrofilowych produktów utlenienia. Powstałe produkty pośrednie są podobne do tych otrzymanych w wyniku hydro-biodegradacji, łatwo i w taki sam sposób asymilowane przez drobnoustroje. W przeciwieństwie do hydro-biodegradacji proces oparty na utlenianiu może być łatwiej kontrolowany za pomocą antyoksydantów dodawanych na etapie produkcji tworzywa. Stopień biodegradacji w tym przypadku bezpośrednio zależy od abiotycznego utlenienia. Na etap ten silnie wpływa obecność jonów metali przejściowych, antyoksydantów i stabilizatorów. Dostosowanie stosunku prodegradantu do antyoksydantu pozwala na osiągnięcie równowagi pomiędzy trwałością materiału podczas użytkowania i biodegradacją [13].

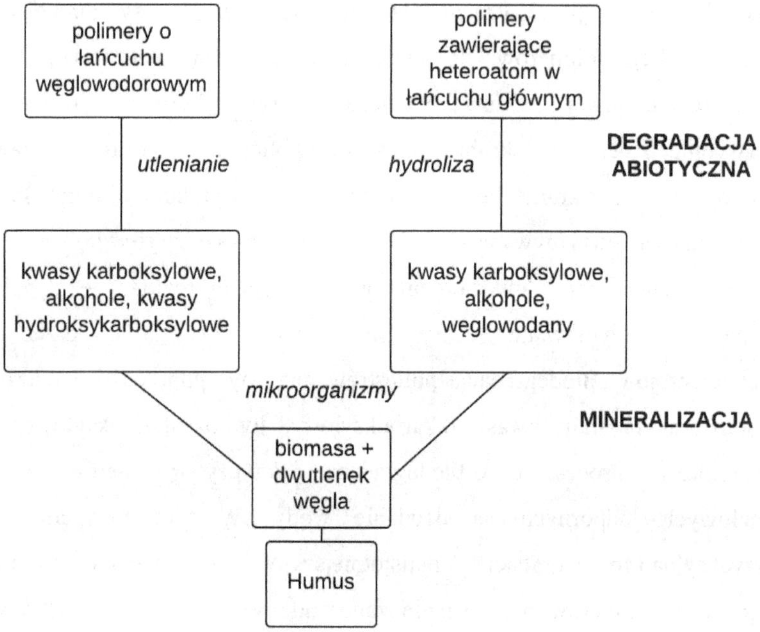

Rysunek 1. Mechanizm biodegradacji polimerów syntetycznych w środowisku naturalnym [13].

Okso-biodegradowalne tworzywa rozkładają się pod wpływem czynników środowiskowych jak światło czy ciepło, w przeciwieństwie do hydro-biodegradowalnych, które są stosunkowo odporne na działanie tycz czynników. Najlepiej okso-biodegradowalny, spośród syntetycznych poliolefin, jest polipropylen. Po usunięciu antyoksydantów, rozkłada się w 60% w czasie 6 miesięcy, podczas gdy w tym samym okresie czasu LD-PE (polietylen niskiej gęstości) rozkłada się tylko w 10% [13].

Rozkład polimeru na skutek aktywności biologicznej nazywany jest biodegradacją. Termin ten nie jest stosowany konsekwentnie. W medycynie (szwy, rekonstrukcja kości, podawanie leków itp.) wskazuje na hydrolizę, zaś pod kątem środowiskowym biodegradacja plastiku może oznaczać fragmentację, zmianę właściwości mechanicznych lub degradację przy udziale żywych organizmów. Często mylony jest z terminem dezintegracji (pogorszeniem lub utratą integralności fizycznej) materiału. Bardzo ważne jest przyjęcie jednej definicji biodegradowalności, nad czym pracuje wiele grup i organizacji. Nie jest to proste przez wzgląd na:

- różnorodność środowisk, do których materiał jest wprowadzany i jego wpływ na otoczenie;
- różnice zdań dotyczące podejścia naukowego lub punktu odniesienia użytego do określenia biodegradacji;
- rozbieżności opinii dotyczących skutków politycznych różnych definicji;
- różnice językowe.

W 1992 r. zorganizowano międzynarodowe warsztaty dotyczące definicji biodegradacji, metod jej określania oraz standardów. Uczestniczyli w nich producenci, władze ustawodawcze, laboratoria badawcze, ekolodzy oraz organizacje normalizacyjne z Europy, USA i Japonii. Wynikiem warsztatów było ustalenie kilku kluczowych punktów:

- definicja materiału biodegradowalnego dla każdego praktycznego wykorzystania musi odnosić się do metod jego usuwania, takich jak kompostowanie, oczyszczanie ścieków, denitryfikacja lub beztlenowy rozkład osadów;
- ostatecznymi produktami biodegradacji tlenowej są woda, dwutlenek węgla, związki mineralne a także produkty pochodne jak biomasa i substancje humusowe;
- biodegradacja materiału musi być bezpieczna, bez negatywnego wpływu na proces usuwania lub wykorzystania produktu tego procesu.

Zaakceptowano wiele definicji. Podczas gdy normy ISO definiują biodegradację jako proces chemiczny (np. utlenianie) w obecności mikroorganizmów, DIN i CEN wymaga w swojej definicji sformułowania „przemiany plastiku w produkty metabolizmu mikroorganizmów". Z przyjętych definicji wynika, że materiał biodegradowalny nie musi być kompostowalny, ale materiał kompostowalny musi ulegać biodegradacji w środowisku kompostowania. Mimo takiej różnorodności definicji system oceny i standardy są podobne [14].

Od strony chemicznej biodegradację polimeru przedstawiają równania (4) i (5). Dla ułatwienia założono, że polimer składa się tylko z węgla, wodoru i tlenu. Inne substancje wprowadzane do polimeru mogą pojawić się w produktach w formie utlenionej lub zredukowanej w zależności od warunków reakcji.

W przypadku biodegradacji tlenowej:

$$C_{POLIMER} + O_2 \rightarrow CO_2 + H_2O + C_{POZOSTAŁOŚCI} + C_{BIOMASA} \quad (4)$$

Zaś beztlenowej:

$$C_{POLIMER} \rightarrow CO_2 + H_2O + CH_4 + C_{POZOSTAŁOŚCI} + C_{BIOMASA} \quad (5)$$

Całkowita biodegradacja ma miejsce wtedy, gdy nie ma żadnych pozostałości. Natomiast pełna mineralizacja oznacza całkowite przejście polimeru początkowego do produktów gazowych i soli [15,16].

Transformacja tworzyw sztucznych do biomasy jest atrakcyjna z punktu widzenia emisji CO_2, z powodu dłuższego zatrzymywania węgla w tej postaci niż w przypadku bezpośredniego spalania. Mimo intensywnego rozwoju tych materiałów nadal nie znany jest długofalowy wpływ pozostałości biodegradacji na strukturę gleby. W ciągu ostatnich dwudziestu lat rozwój polimerów biodegradowalnych ukierunkowany był na dwa główne zastosowania. Pierwsze z nich to produkty, których biodegradowalność jest ich funkcją. Są to przede wszystkim bioresorbowalne kapsułki leków, powoli uwalniające substancję aktywna, nici chirurgiczne, folie rolnicze oraz torby na odpady. Drugie zastosowanie związane jest z opakowaniami dla przemysłu spożywczego i cateringu, które ulegają fotodegradacji w ciągu 6 tygodni przez domieszkowanie materiału jonami metali przejściowych (fotouczulanie).

Po raz pierwszy polimer biodegradowalny został zsyntezowany przez M. M. Brubakera z Du Pont Company i opatentowany w 1950 r. Był to kopolimer etylenu i tlenku węgla (II). Rozkład materiału poprzez kompostowanie zawsze skutkuje utratą większości włożonej energii w syntezę i przetwórstwo oraz prowadzi do nieuniknionej emisji CO_2 (w warunkach tlenowych) lub CH_4 (w warunkach beztlenowych). Zawężony zakres stosowania polimerów biodegradowalnych spowodowany jest koniecznością zachowania odpowiednich warunków, które w przypadku wysypiska śmieci (ograniczony dostęp światła i tlenu) mogą prowadzić do niekorzystnych procesów anaerobowych i tworzenia metanu. Występowanie tworzyw biodegradowalnych w odpadach komunalnych utrudnia segregację odpadów polimerowych oraz wpływa niekorzystnie na nastawienie społeczeństwa do utrzymywania czystości środowiska naturalnego.

Krajami przodującymi w produkcji bioopakowań są przede wszystkim Stany Zjednoczone i Japonia oraz starający się im dorównać Włochy, Niemcy i Holandia. W praktyce materiały biodegradowalne mogą być wykorzystane wszędzie, a w ich produkcji stosuje się te same technologie i maszyny jak przy wytwarzaniu tradycyjnych tworzyw sztucznych [17]. Na świecie podejmowane są działania preferujące stosowanie materiałów na bazie surowców odnawialnych. W tym celu wprowadzane są podatki za używanie polimerów tradycyjnych, a także ulgi dla odpowiedników materiałów biodegradowalnych. Tematyka tworzyw biodegradowalnych oraz oceny biodegradowalności stała się przedmiotem badań polskich ośrodków badawczych jak np. Centralnego Ośrodka Badawczo-Rozwojowego Opakowań (COBRO), Wyższej Szkoły Morskiej w Gdyni i Akademii Ekonomicznych w Poznaniu i Krakowie [2].

I.2.1. Mechanizm biodegradacji

Przebieg biodegradacji zależny jest od wielu czynników związanych z budową chemiczną i strukturą polimeru, udziałem substancji pomocniczych oraz wymiarami i właściwościami próbki. Podczas starzenia dochodzi do sieciowania, utleniania, destrukcji i degradacji polimeru. Przemiany te są złożone i zachodzą często jednocześnie, dlatego trudno jest stwierdzić, który z procesów jest dominujący. Mając na uwadze efektywność enzymów ważne jest, aby polimer charakteryzował się jak największą liniowością i łatwością adsorpcji wody. Brak odgałęzień bocznych łańcucha oraz obecność wody ułatwia transport enzymów do wnętrza tworzywa, tym samym intensywność procesu. Do czynników wspomagających biodegradację należy także obecność grup chemicznych podatnych na działanie mikroorganizmów, np. grup estrowych, hydroksylowych, eterowych, uretanowych, amidowych [13]. Zatem największą podatnością na biodegradacje wyróżniają się polimery o małej masie molowej, niskim stopniu usieciowania i krystaliczności oraz strukturze nieuporządkowanej [6]. Istotnymi czynnikami są też duży stosunek powierzchni do objętości materiału oraz jak największa powierzchnia styku z otoczeniem [18]. Mikroorganizmy nie są w stanie przetransportować polimeru do wnętrza komórki z powodu jego nierozpuszczalności w wodzie i dużych rozmiarów molekuł. Dlatego też proces ten odbywa się w dwóch etapach. Pierwszy polega na niszczeniu łańcucha przy użyciu enzymów wydzielanych przez komórki mikroorganizmów na zewnątrz. Kiedy w wyniku tego ataku powstają pochodne rozpuszczalne w wodzie następuje etap drugi- mineralizacja. Oligomery i monomery transportowane są do wnętrza komórki mikroba i tam włączane są do odpowiednich ścieżek metabolicznych. Enzymy zewnątrzkomórkowe mogą być zarówno endo (rozdzielenie przypadkowych wewnętrznych wiązań polimeru) jak i egzo (oderwanie końcowych monomerów łańcucha głównego). Enzymy te działają na powierzchni materiału, ponieważ są zbyt duże aby wniknąć w głąb polimeru, dlatego biodegradacja plastiku jest procesem erozji powierzchniowej.

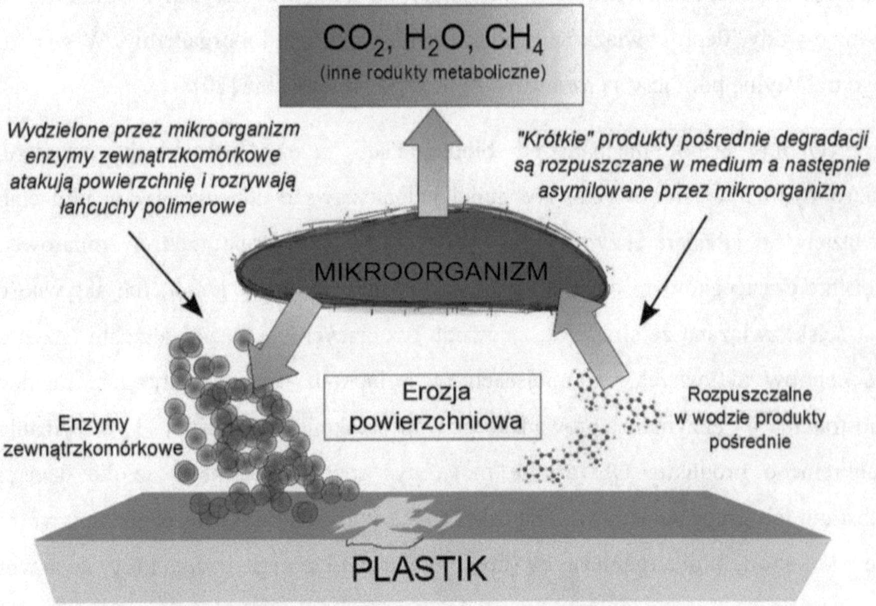

Rysunek 2. Ogólny mechanizm biodegradacji plastiku [19].

Produktami drugiego etapu i tym samym całego procesu są adenozynotrifosforan (ATP), woda, produkty gazowe (np. CO_2, CH_4, N_2, H_2), sole i minerały oraz biomasa [6,15].

W przypadku molekuł PE i innych tradycyjnych tworzyw sztucznych, największy problem stanowi duży ciężar cząsteczkowy, przeszkadzający zarówno w przejściu przez błonę komórkową, jak i dostępności dla enzymów poza komórką. Tworzywa te zawierają jedynie niepolarne wiązania C-C i C-H, które nie dostarczają centrów ataku nukleofilowego bądź elektrofilowego, uniemożliwiając enzymom fragmentowanie łańcucha. W rzeczywistości reaktywne są rzadkie defekty strukturalne jak trzeciorzędowy węgiel odgałęzienia, wiązania podwójne czy obecność grup zawierających tlen. Z powodu sporadycznego występowania mają ograniczony wpływ na całkowity proces degradacji. Ponadto PE itp. w stanie stałym są hydrofobowymi materiałami o strukturze semikrystalicznej, z niewielką liczbą wolnych zakończeń łańcuchów, pozwalające na atak enzymatyczny. Ogranicza to dyfuzję wody, tlenu i związków produkowanych przez mikroorganizmy. W wyniku tego tradycyjne polimery są uznawane za niebiodegradowalne [20].

Ogólny zarys mechanizmu biodegradacji zależy od rodzaju polimeru, mikroorganizmu i środowiska, nie mniej jednak zawsze odnajdziemy w nim etap związany z działaniem enzymów. Są to białka o złożonej strukturze trójwymiarowej, ciężarze cząsteczkowym od kilku tysięcy do kilku milionów g/mol. Ich aktywność jest ściśle związana ze strukturą, z powodu tworzących się na powierzchni enzymu się centrów aktywnych. W miejscach tych dochodzi do oddziaływania między substratem a enzymem prowadzącego do reakcji chemicznej i otrzymania konkretnego produktu. Obszary te mogą byś specyficzne, aktywne dla danego substratu lub grupę substratów. Dla uzyskania optymalnej aktywności enzymy wiążą się z kofaktorami nieorganicznymi (np. jony metali) lub organicznymi (np. koenzym A, witaminy). Różne enzymy mogą działać według odmiennych mechanizmów katalizy. Niektóre enzymy zmieniają substrat z udziałem wolnych rodników, podczas gdy mechanizm innych podąża alternatywnymi ścieżkami reakcji chemicznych. Tak duża różnorodność enzymów daje ogromną ilość mechanizmów, z których najbardziej typowe to hydroliza enzymatyczna i enzymatyczne utlenianie.

Hydroliza enzymatyczna

Wiązania glikozydowe, peptydowe i większość wiązań estrowych niszczone są przez hydrolizę. Z poszczególnymi wiązaniami związane są różne enzymy:

- Proteazy - niszczą wiązania peptydowe i czasami estrowe. Proteazy dzielone są na cztery grupy ze względu na mechanizm działania, a ich nazwy wskazują ma kluczowe grupy katalityczne w miejscach aktywnych: proteazy serynowe, proteazy cysteinowe, zawierające metal, asparaginowe.

- Esterazy - hydrolizują wiązania estrowe przy udziale wody. Otrzymany alkohol może być mono- lub polihydroksylowy, alifatyczny lub aromatyczny, zaś kwas organiczny lub nieorganiczny. Esterazy można podzielić na kilka grup opartych na rodzaju kwasu tworzącego ester, np. hydroksylaza estru karboksylowego, tiolowego, mono- i diestru fosforowego, sulfonowego. Przykładem esteraz są też lipazy.
- Hydrolazy glikozydowe - zrywają wiązanie glikozydowe polisacharydów i ich pochodnych. Najważniejszymi wśród nich są amylazy (hydroliza wiązania α-1,4 i/lub α-1,6 glikozydowego skrobi i pochodnych polisacharydów) i celulazy (β-1,4-glikozydowego celulozy i jej pochodnych) [3,15].

Enzymatyczne utlenianie

Enzymatyczne utlenianie katalizowane jest przez grupę enzymów zwanych oksydoreduktazami. Istnieje wiele dróg utlenienia bądź redukcji i zależą one od akceptora elektronów i produktu. Można je przedstawić za pomocą następujących reakcji:

$AH_2 + B \rightarrow A + BH_2$ (6)

$AH_2 + O_2 \rightarrow A + H_2O_2$ (oksydazy tworzące H_2O_2) (7)

$AH_2 + ½\, O_2 \rightarrow A + H_2O$ (oksydazy tworzące H_2O) (8)

$A + H_2O + B \rightarrow AO + BH_2$ (9)

$A + H_2O_2 \rightarrow AO + H_2O$ (10)

$A + O_2 + BH_2 \rightarrow AO + B + H_2O$ (monooksygenazy) (11)

$A + O_2 \rightarrow AO_2$ (dioksygenazy) (12)

Najwięcej enzymów działa według 6 typu reakcji, w którym utlenianie substratu zachodzi na skutek usunięcia wodoru i/lub elektronów za pomocą akceptora B, np. NAD+, NADP+ itp. Typy 7 i 8 zachodzą tylko w warunkach tlenowych. W reakcjach 9 i 12 do utlenienia dochodzi za pomocą jednego lub więcej atomów tlenu zawartego w cząsteczce substratu i różnią się pochodzeniem atomu. Enzymy, które katalizują utlenianie za pomocą O_2 nazywane są oksygenazami i dzielą się na dwie grupy: mono- i dioksygenazy. Monooksygenazy katalizują proces wbudowania jednego atomu tlenu w cząsteczkę substratu i wymagają obecności drugiego zredukowanego substratu, także ulegającego utlenieniu (np. cząsteczka wody) przy udziale NADP. Dioksygenazy katalizują proces włączenia całej cząsteczki tlenu w strukturę substratu. Produktami tej reakcji są najczęściej grupy karboksylowe lub nadtlenowodorowe, czasem pochodne dihydroksylowe. Przykładem polimeru, który rozkłada się przez utlenienie w wodzie, jest poli(glikol etylu) (PEG). Dehydrogenazy PEG atakują końcowe grupy R-O-CH_2-CH_2OH w celu ich utlenienia do aldehydów, a te do kwasów karboksylowych R-CHOH-COOH. Następnie łańcuch jest zmniejszany o jednostkę -CH_2- przez odłączenie kwasu 2-hydroksyoctowego. Warunki beztlenowe powodują przesunięcie grupy hydroksylowej z węgla końcowego na węgiel sąsiadujący z tlenem eterowym przez szybką dysocjację powstałego hemiacetalu do acetaldehydu i skróconego PEG [15].

W przypadku ligniny do biodegradacji przez utlenienie, konieczna jest obecność peroksydazy ligniny i H_2O_2. Wspomniany enzym produkowany jest przez aerobowe grzyby i niektóre bakterie. Mikroorganizmy, które są zdolne do jego produkcji wytwarzają też niezbędny do rekcji nadtlenek wodoru. Wolne rodniki substratu, zawarte w mechanizmie rozkładu produkty przejściowe, mogą atakować cząsteczki ligniny. Drugorzędowym enzymem utleniającym może być nadtlenek manganu. Mn(III) chelatowany przez kwas organiczny pośredniczy w oksydacyjnej depolimeryzacji ligniny [15].

I.2.2. Czynniki wpływające na biodegradację

Obecnie opisanych zostało tylko kilka zależności między chemią polimeru a jego biodegradowalnością jak również odstępstwa od tych reguł. Jedną z przyczyn jest fakt, że czynniki powodujące degradacje występują jednocześnie. Pierwszym krokiem biodegradacji jest działanie enzymów zewnątrzkomórkowych do rozłożenia materiału na mniejsze fragmenty. Ponieważ woda jest medium transportującym enzymów, ważna jest jej dostępność. Kolejnymi czynnikami wpływającymi na biodegradację, są stan fizyczny, zwilżalność oraz powierzchnia wystawiana na atak enzymów. Semikrystaliczna natura polimeru ogranicza degradację do amorficznych regionów polimeru. Wyjątkiem od tej zasady okazały się krystaliczne materiały skrobiowe i poliestry wytwarzane przez bakterie, które ulegają szybkiej hydrolizie [15]. Najważniejszymi właściwościami polimeru, wpływającymi na ich szybszą degradację, są połączenia chemiczne w szkielecie cząsteczki, a nie pochodzenie polimeru (naturalne, syntetyczne) [13]. Wiązania zawierające heteroatom są podatne na degradację enzymatyczną (wiązania peptydowe, estrowe). Nie dotyczy to jednak poliamidów, poliestrów aromatycznych i wielu innych polimerów zawierających heteroatom w łańcuchu głównym [15]. Nawet niewielka zmiana w strukturze polimeru może skutkować ogromną zmianą w sferze biodegradacji [21].Wzajemne oddziaływanie polimerów będących składnikami mieszaniny również ma wpływ na rozkład i dotyczy przede wszystkim tych, w których jeden jest biodegradowalny inny nie. Materiał dodatkowy może stanowić barierę uniemożliwiającą migrację mikroorganizmów, wilgoci, tlenu i enzymów. Podatność polimeru na biodegradacje może się zmniejszyć po zmieszaniu z polimerem nie biodegradowalnym bądź po jego usieciowaniu. Udało się jednak otrzymać polimer biodegradowalny na szkielecie polimeru nie ulegającego biodegradacji [15].

I.3. Pomiar biodegradacji polimerów

Biodegradowalność polimeru (stopień biodegradacji) można określić za pomocą testów, które można podzielić na trzy główne grupy: badań terenowych, symulacyjnych i laboratoryjnych. W Tabeli 2 przedstawiono podział ze względu na miejsce ich przeprowadzania [19].

Tabela 2. Podział testów biodegradowalności ze względu na miejsce ich prowadzenia [19].

<table>
<tr><th colspan="3">Testy laboratoryjne</th><th>Testy symulacyjne</th><th>Testy terenowe</th></tr>
<tr><td>Enzymatyczne (enzymy)</td><td>Test zahamowania strefy wzrostu (pojedyncze kultury)</td><td>Test Sturma (mieszanka kultur)</td><td>Reaktor laboratoryjny: Woda, gleba, kompost, materiał ze składowiska odpadów</td><td>Naturalne: Woda, gleba, kompost, składowisko odpadów</td></tr>
<tr><td colspan="3">Środowisko sztuczne</td><td colspan="2">Środowisko złożone</td></tr>
<tr><td colspan="4">Określone warunki</td><td>Zmienne warunki</td></tr>
</table>

Badania terenowe są najbardziej miarodajne, ponieważ środowisko najlepiej reprezentuje naturalne warunki biodegradacji tworzyw sztucznych. Testy laboratoryjne są najbardziej powtarzalne dzięki użyciu ściśle określonych próbek jak i specjalnych szczepów mikroorganizmów, które rozkładają tę próbkę w największym stopniu. W testach tych optymalizacja aktywności mikrobiologicznej może prowadzić do większej degradacji niż w warunkach naturalnych. Jest to zaletą, kiedy badany jest podstawowy mechanizm degradacji.

Jednymi z najważniejszych **metod laboratoryjnych**, używanych w celu zbadania biodegradacji, są testy enzymatyczne. Polimer umieszczany jest w roztworze buforowym lub układzie o kontrolowanym pH wraz z jednym bądź kilkoma czystymi enzymami. Test ten jest przydatny do badania kinetyki depolimeryzacji, uwalniania monomerów lub oligomerów z łańcucha polimerowego w obecności różnych enzymów. Metoda służy m.in. do określania biodegradacji polimerów opartych na skrobi oraz opakowań zawierających celulozę. Głównymi wadami testu są możliwość występowania w środowisku efektywniejszego pod kątem biodegradacji enzymu, zmniejszenie aktywności wybranych enzymów wobec polimerów modyfikowanych i innych materiałów. Niewłaściwe przechowywanie i stabilizacja oraz stosowanie w testach zanieczyszczonych (np. inhibitorami) enzymów stanowi kolejny problem [14,15,19].

Test płytkowy (test zahamowania strefy wzrostu) początkowo został opracowany do szacowania oporu plastiku na degradacje spowodowaną przez mikroorganizmy. W metodzie tej materiał testowany umieszcza się na szalce Petriego z warstwą pożywki agarowej bez dostępu dodatkowych źródeł węgla. Całość zaszczepia się znanym gatunkiem bakterii bądź grzyba. Pozytywny wynik testu nie musi jednak wskazywać na biodegradowalność materiału, ponieważ mikroorganizm może wzrosnąć na polimerze, jak i zanieczyszczeniach lub frakcjach oligomerowych [14,15].

Test Sturma jest szeroko używany do badania biodegradacji filmów polimerowych. Metoda ta dostarcza informacji na temat stopnia biodegradacji tlenowej polimeru wystawionego na działanie zaszczepionego osadu ściekowego w warunkach laboratoryjnych. W standardowych testach polimerów biodegradacja tlenowa określana jest w warunkach kompostowania. Test ten jest bardziej odpowiedni dla materiałów opakowaniowych, gdyż szczepy mikroorganizmów otrzymywane są z miejskich kompostowni odpadów stałych [14,15].

Zmiany właściwości fizycznych, chemicznych i mechanicznych, będących wyznacznikami postępu biodegradacji materiału, mogą być mierzone w skali laboratoryjnej. **Testy symulacyjne** są alternatywą prób terenowych. Degradacja może być obserwowana w kompoście, glebie lub wodzie, które to warunki mogą być zapewnione w reaktorach laboratoryjnych [19]. Wypełnienie takiego reaktora może być specjalnie zaprojektowane aby naśladować środowisko naturalne poprzez kontrolę i dostosowywanie takich parametrów jak temperatura, pH, rodzaj drobnoustrojów, mieszanie mechaniczne oraz ilość dostarczanego tlenu [15]. Testy symulacyjne są także wykorzystane do oceny poszczególnych metod usuwania odpadów, określenia długoterminowego efektu tych metod na środowisko, dodatkowo dając możliwość przeprowadzenia większej ilości badań (analiza pozostałości lub pochodnych, wydzielanie CO_2, konsumpcja O_2 itp.) [19]. Najczęściej wybieranym parametrem jest spadek masy, najlepiej ukazujący dezintegrację materiału, i rozciągliwość (polimery stosowane do produkcji opakowań). Informacji na temat biodegradacji mogą dostarczyć zarówno różne techniki mikroskopowe (SEM, AFM), jak i spektroskopia w podczerwieni (FTIR) lub w zakresie UV, atomowy rezonans magnetyczny (NMR), rentgenowska spektroskopia fotoelektronów (XPS), dyfrakcja rentgenowska (XRD) i różnicowa kalorymetria skaningowa (DSC) [15].

Jedną z metod symulacyjnych jest test respirometryczny. Aerobowa aktywność mikrobiologiczna jest zazwyczaj określana na podstawie zużycia tlenu, który jest niezbędny do całkowitego utlenienia składników materiału do związków mineralnych takich jak CO_2, H_2O, SO_2 i P_2O_5. Ilość zużytego na ten proces tlenu określa się mianem biochemicznego zapotrzebowania na tlen (BOD, ang. Biochemical Oxygen Demand). Wartość ta może być wyznaczona w oparciu o eksperymentalnie otrzymane wyniki chemicznego zapotrzebowania na tlen lub obliczona teoretycznie z uwzględnieniem składu pierwiastkowego i stechiometrii reakcji. Z przeciwieństwie do wielu związków chemicznych, warunki testowania polimerów nie są restrykcyjne. Stworzyło to potrzebę rozwijania alternatywnych metod pomiaru BOD [12,15].

Dwufazowy test butelkowy zapewnia większą zawartość tlenu w zlewkach i zezwala na wyższy poziom szczepu. Układ składa się z dwóch połączonych ze sobą zlewek, z których jedna zawiera glebę z badanym polimerem, druga zaś sorbent CO_2. Układ ten i różne jego zmodyfikowane wersje są często stosowane do pomiaru biodegradacji filmów polimerowych oraz materiałów do wyrobu opakowań. Zapotrzebowanie na tlen może być mierzone m.in. pomiar zmiany objętości bądź ciśnienia w zlewce inkubacyjnej zawierającej absorbent CO_2 lub pomiar ilości tlenu wytworzonego (elektrolitycznie) do utrzymania stałej objętości/ciśnienia w wyspecjalizowanych respirometrach. Testy BOD są proste i czułe, dlatego mogą posłużyć jako badania przesiewowe. Konsumpcja tlenu jest niespecyficzną i pośrednią metodą badania biodegradacji, dlatego też jest nieodpowiednia w przypadku degradacji beztlenowej. Wymóg, aby badany materiał był jedynym źródłem węgla dla mikroorganizmów w miejscu inkubacji wyklucza wykorzystanie pomiarów BOD w złożonych środowiskach naturalnych [15,22].

Test emisji gazów (CO_2 lub CH_4) przedstawia bezpośredni parametr mineralizacji, a przez to biodegradacji materiałów polimerowych. Znanych jest kilka odmian tej metody, które różnią się składem wypełnienia reaktora, w którym przeprowadzane jest badanie, szczepem mikroorganizmu, sposobem wprowadzania substratów jak również technikami pomiaru wydzielanego gazu. Postęp biodegradacji określa się na podstawie zmiany ciśnienia i/lub objętości, które zmieniają się na skutek wydzielania gazów. Na ogół test połączony jest z analizą produktów za pomocą chromatografii gazowej. Materiał łatwo degradowalny to taki, który ulega 60%-owej przemianie do CO_2 w czasie 28 dni. Biorąc pod uwagę fakt, że część węgla tego układu zostaje włączona do tworzenia biomasy, taki poziom przemiany daje niemal całkowitą degradację. Kryterium to, stosowane głównie dla rozpuszczalnych w wodzie substancji, może być użyte do charakterystyki rozdrobnionych, pół-degradowalnych materiałów polimerowych. Jednak większość standardów określających biodegradacje polimerów zakłada maksymalny czas testu około 6 miesięcy. Metoda ta cieszy się popularnością ze względu na swoją czułość i łatwość przeprowadzenia. Umożliwia bezpośrednie określenie mineralizacji materiałów rozpuszczalnych w wodzie bądź nie, niezależnie od jego postaci (film, proszek czy obiekt) [15].

Kiedy rozkład materiału zachodzi przy łatwo dostępnych dodatkowych źródłach węgla obecnych w ściółce, nie jest możliwe przypisanie odpowiedniej ilości otrzymanego CO_2 pochodzącego z degradacji polimeru. W takich przypadkach stosuje się radioaktywne znakowanie polimeru. Włączenie radioaktywnego ^{14}C do syntetycznego polimeru pozwala nie tylko na rozróżnienie pochodzenia CO_2 lub CH_4 ale i procentowe określenie stopnia mineralizacji w czasie prowadzenia testu. Próbkę znakowaną miesza się z glebą, a ilość wydzielonego $^{14}CO_2$ mierzona jest po absorpcji w roztworze alkalicznym za pomocą metody ciekłego scyntylatora. Ogromną wadą metody jest utylizacja radioaktywnego odpadu, jak również trudność syntezy znaczonego polimeru mającego reprezentatywną masę molowa i charakterystykę morfologiczną z odpowiednim rozmieszczeniem izotopów promieniotwórczych [15].

Próby terenowe najdokładniej opisują los badanego polimeru i rzeczywisty czas jego dezintegracji, ponieważ przeprowadzane są w naturalnych warunkach. Mimo najlepszej zgodności środowiska, warunków klimatycznych i różnorodności obecnych organizmów wynik analizy istotny jest tylko dla specyficznego otoczenia i może znacznie różnić się od wyników otrzymanych na innych obszarach [15]. Kolejną wadą badań terenowych jest brak możliwości dokładnego kontrolowania temperatury, pH, wilgotności jak również ograniczone możliwości pomiaru procesu degradacji. W większości przypadków możliwa jest jedynie charakterystyka wizualna zmian próbki. Analiza spadku masy pozostałości i różnego rodzaju pochodnych badanego materiału jest trudna chociażby przez nieokreślone środowisko. Biorąc pod uwagę fakt, iż fizyczna dezintegracja nie jest traktowana jako biodegradacja, na podstawie tylko tego testu nie można określić czy polimer jest biodegradowalny [19].

W przypadku każdej procedury analitycznej wymaga się odpowiednich standardów. Dotyczy to również biodegradacji polimerów, gdzie rolę standardu mineralizacji polimeru pełni celuloza. Używając standardowych metod ASTM D 5338-92 lub ISO 14855 związek ten osiąga ponad 70%-ową mineralizację. Biodegradacja pozostałych polimerów i celulozy może zostać porównana po zastosowaniu takich samych warunków, organizmów oraz metod [14].

Metody oceny biodegradowalności materiału jak i przydatności opakowań do kompostowania lub biodegradacji zostały w ostatnich latach znormalizowane. Norma DIN 54900 stała się podstawą niemieckiego systemu certyfikacji materiałów kompostowanych i biodegradowalnych. Opakowania posiadające taki certyfikat oznaczone są znakiem przedstawionym na Rysunku 3.

Rysunek 3. Znak graficzny [IBAW, DIN CERTCO] dla materiałów biodegradowalnych [2].

Symbol ten akceptowany jest też w Szwajcarii, Danii, Holandii, Włoszech i Wielkiej Brytanii, a od 2004 roku także w Polsce. Grupa norm DIN V 54900 złożona jest z czterech części, które obejmują:

- chemiczne badania tworzyw sztucznych przeznaczonych do kompostowania,
- testy biodegradowalności wykonanych w warunkach laboratoryjnych,
- pomiar przydatności do kompostowania (warunki zbliżone do naturalnych) i testowanie jakości otrzymanego kompostu,
- ekotoksykologiczna ocena kompostu po procesie biodegradacji.

W normie przyjęte jest, że tworzywo uznaje się za biodegradowalne jeżeli przynajmniej jeden test potwierdzi całkowitą biodegradację. Podstawą do certyfikowania opakowań z tworzyw sztucznych są normy DIN 54900, EN 13432 i ASTM 6400, a jednostką wydającą jest DIN CERTCO (członek Niemieckiej Organizacji Normalizacyjnej DIN). Mimo dużej ilości norm stale pojawiają się różne problemy i pytania. Norma EN 13432 dotyczy kompostowania i biodegradacji samych opakowań, bez uwzględnienia pozostałości produktu. Natomiast normy ISO, dotyczące procesu biodegradacji, zawierają jedynie ogólne wytyczne, bez szczegółów wykonania testów biodegradacji. Różne są także kryteria określające poziom biodegradacji. Normy DIN i ASTM mówią o 60%-owej biodegradacji w odniesieniu do poddanej biodegradacji celulozy, w kontrolowanych warunkach kompostowania przez 6 miesięcy. Z kolei EN 13432 przewiduje 90%-ową mineralizację w czasie 6 miesięcy. Rejestracja zmian otoczenia (pomiar wydzielanego CO_2 lub biogazu, albo zużycia tlenu) w trakcie procesu biodegradacji jest preferowaną drogą oceny stopnia rozkładu w większości norm. Metody te są skomplikowane, dlatego w praktyce zaczęto wykorzystywać prostsze sposoby do których należą: ubytek masy, spadek wytrzymałości polimerów w czasie, obniżenie masy cząsteczkowej, obserwacja wzrostu bakterii, analiza zmian morfologicznych powierzchni oraz struktury molekularnej, stosowanie metod termograwimetrycznych, a także analiza widm (UV-VIS, IR itp.). Każda z wymienionych metod powinna dostarczać powtarzalne i porównywalne wyniki. Istotne jest w tym celu usystematyzowanie takich parametrów jak grubość i masa materiału, kontakt z mikroorganizmami oraz charakter prowadzonego procesu (dynamiczny czy statyczny) [2].

I.4. Dodatki przyspieszające biodegradację

Biodegradowalne materiały polimerowe są obecnie znacznie droższe od tradycyjnych. W celu zmniejszenia różnicy cenowej zaczęto wykorzystywać polimery z surowców petrochemicznych zawierające dodatki przyspieszające proces degradacji. Zastosowanie takich tworzyw budzi wiele kontrowersji [6]. Jest to spowodowane tym, że tak modyfikowane polimery nie nadają się do kompostowania jak też do recyklingu materiałowego. Dodatki mogą negatywnie wpływać na jakość ostatecznego produktu. Ponadto, mimo iż wpływ takich opakowań na środowisko nie jest dokładnie poznany, ich produkcja stale rośnie.

Domieszki te można podzielić na **substancje naturalne** oraz prooksydanty. Do pierwszej grupy zalicza się karboksymetylocelulozę, laktozę, kazeinę, drożdże, mocznik i inne materiały pochodzenia naturalnego. Jednak sztandarowym przykładem tej grupy jest skrobia różnego pochodzenia (ryżowa, kukurydziana, ziemniaczana), stanowiąca nawet 40% gotowego tworzywa [6]. Podczas ekspozycji tak wzbogaconego polimeru na działanie środowiska dochodzi do rozkładu dodatku a polimer niebiodegradowalny zostaje rozproszony w postaci pyłu. Takie pozostałości, choć niewidoczne gołym okiem, zalegają na powierzchniach wód i gleb.

Kolejną grupę tzw. **prodegradantów** stanowią zwykle sole i kompleksy metali grup przejściowych, np. kobaltu, żelaza, niklu, manganu. Pierwsze informacje na temat ich wpływu na polimery nie ulegające degradacji pojawiły się ponad trzydzieści lat temu. Ich działanie prowadzi do dwuetapowej degradacji, pod wpływem czynników inicjujących takich jak tlen, promieniowanie UV czy bakterie. Procesy utlenienia zachodzące na powierzchni powodują zmianę jej hydrofilowości, inicjując procesy biologiczne z udziałem grzybów i bakterii [6]. Związki te od dawna dodawane są do fotodegradowalnych tworzyw sztucznych jako składniki fotoaktywizujące (fotosensybilizatory). Najpowszechniej wykorzystywanymi metalami w tym przypadku są Fe(III) i Cu(II), przy czym związki kompleksowe Mn^{2+} i Co^{2+} są konieczne do utleniania w przypadku braku ingerencji światła [20]. Typowymi związkami fotoaktywizującymi są: dwutiokarbaminian żelaza i miedzi, pochodne ferrocenu, żelatynowe związki tytanu i cyrkonu, koloidalne związki kwasów tłuszczowych (zwykle stearyniany) żelaza. W małych stężeniach mają działanie stabilizujące, lecz ze wzrostem stężenia przyspiesza destrukcję polimeru, umożliwiając proces fotolizy. Powstają w tym procesie wolne jony metali, dzięki czemu destrukcja utleniająca przebiega również po bezpośrednim napromieniowaniu. Proces utleniania tworzywa zawierającego prodegradanty musi być kontrolowany za pomocą antyoksydantów. Zapewniają one dobrą wytrzymałość produktu w trakcie użytkowania, a spadek ich zawartości z czasem umożliwia utlenianie materiału. Niektóre antyoksydanty pełnią dodatkowe funkcje stabilizujące np.:

$(R_2NCSS)_2M$ – dialkilo-ditiokarbaminian

- M = Zn, słaby foto-antyoksydant, termo-antyoksydant
- M = Fe, foto-utleniacz, termo-antyoksydant
- M = Ni, foto-antyoksydant, termo-antyoksydant.

Wiele kompleksów ditiokarbaminianu jest wrażliwa na światło. Kiedy dochodzi do zubożenia zawartości ligandu siarkowego na skutek fotolizy, stają się foto- i termo-utleniaczami [13].

Mechanizm działania prodegradantu polega na zmianie stopnia utlenienia jonu metalu z równoczesnym utworzeniem wolnych rodników – inicjatorów reakcji wolnorodnikowej [20]. W reakcji rodnikowej udział bierze tlen z powierza. Najbardziej aktywne prooksydanty to te, które oparte są na kombinacji dwóch jonów metali o podobnej stabilności i różniących się stopniem utlenienia tylko o jeden, np. Mn^{2+}/Mn^{3+}. Pierwszymi produktami są makromolekuły z grupami nadtlenowodorowymi, które mogą być następnie rozłożone zarówno na drodze termolizy lub fotolizy, katalizowanych przez prodegradanty. Takie działanie prowadzi w konsekwencji do zrywania łańcuchów i utworzenia produktów o niskiej masie cząsteczkowej takich jak kwasy karboksylowe, alkohole, ketonu oraz wosków węglowodorowych [23]. Uproszczony schemat działania prodegradantu przedstawiono na Rysunku 4, na przykładzie żelaza w PE, przy udziale tlenu atmosferycznego, światła i/lub ciepła [20].

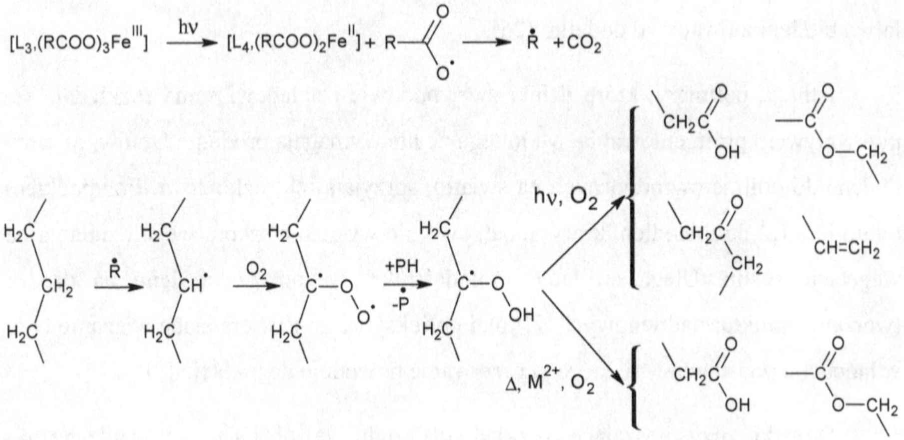

Rysunek 4. Schemat abiotycznej degradacji PE z dodatkiem prodegradantu, gdzie L-odpowiedni ligand [20].

Reakcje redoks obniżają energię aktywacji rozkładu materiału polimerowego. Jednak dodatek prodegradantu, bez wystawienia tworzywa na działanie takich czynników jak temperatura czy światło, nie inicjuje procesu degradacji [13,24].

Drugim rodzajem fotosensybilizatorów są <u>związki organiczne</u> o wysokiej energii pobudzonego stanu trypletowego (związki wielopierścieniowe, ketony alifatyczne i aromatyczne itp.). Po pochłonięciu światła, aktywatory takie przechodzi w wzbudzony stan trypletowy. Następuje oderwanie wodoru od cząsteczki polimeru, inicjując w ten sposób rozwój degradacji, według mechanizmu rodnikowego. W przypadku tworzyw sztucznych na bazie PE, PP, PS i PVC, takimi domieszkami są m.in. 2-etyl-1-nitrofenyloantrachinon, N-bromokaprolaktam, N-haloimid. [7]. Ten proces domieszkowania polega na wprowadzeniu pewnej ilości grup karbonylowych bezpośrednio do łańcucha głównego lub w pozycję α krótkich odgałęzień łańcucha przez kopolimeryzacje tradycyjnego polimeru z odpowiednim związkiem (proces

Guillet'a). Takie grupy karbonylowe służą jako reaktywne centrum fotolitycznego rozpadu szkieletu polimerowego [13,20]. Jednakże przykład PET modyfikowanego poliestrem alifatycznym pod nazwą Bionolle, potwierdza iż dodatek poliestru nie tylko nie przyspieszył rozkładu materiału, ale obecność PET zahamowała rozkład łatwo biodegradowalnego dodatku [25].

Istnieją polimery, które dzięki swej budowie i składowi same rozkładają się pod wpływem promieniowania. Mało tego że nie wymagają prodegradantów, to same dodane do polimerów odpornych na światło, sprzyjają ich rozkładowi. Przypadkiem takim jest 1,2-polibutadien, który dodatkowo nie wykazuje szkodliwego działania na wegetacje roślin. Ulega on łatwej fotodestrukcji w obecności tlenu na drodze tworzenia struktur nadtlenowych. Z kolei polioksyuretan zawiera słabe wiązanie N-O w łańcuchu podstawowym, którego rozerwanie powoduje degradacje [7].

Dodatki przyspieszające rozkład materiału są obecnie wprowadzane do poli(alkohol winylowy) (PVAL), PE, PET, PP i PS. Powstały produkt nie różni się ani właściwościami fizykochemicznymi (przezroczystość, wytrzymałość mechaniczna, nieprzepuszczalność cieczy itp.) ani metodami barwienia czy przetwarzania, od produktu z tworzywa tradycyjnego.

Głównymi producentami prodegradantów pod różnymi nazwami są brytyjska firma Symphony Environmental Ltd. (d2w) oraz firma EPI Environmental Plastics Inc. z Kanady (TDPA), a ich dystrybucją na terenie Polski od 3 lat zajmuje się firma Ecoplastic Polska. Prodegradanty są wprowadzane w ilości 1-5% mas. w celu przyspieszenia starzenia polimeru. Czas rozkładu takiego tworzywa wynosi od 60 dni do 5 lat i może być sterowany poprzez ilość dodatku i stopień rozdrobnienia polimeru, a zależy również od warunków środowiskowych [6].

I.5. Polimery degradowalne w glebie

Badania biodegradacji polimerów w glebie zainspirowane były materiałami, których gleba była ostatecznym przeznaczeniem np. w ogrodnictwie. Obecnie przed wprowadzeniem materiału biodegradowalnego do obrotu w rolnictwie wymagane jest określenie kryteriów, standardowych metod badań w celu potwierdzenia braku efektów ekotoksycznych w glebie. Wprowadzenie polimerów do gleby może być zamierzone lub nie. Wyróżniamy dwie główne drogi, którymi biodegradowalne tworzywa sztuczne kończą swój żywot w glebie: rolnictwo i zaśmiecanie. Poza intencją różnią się rodzajem czynników wpływających na polimer. Obiekt pozostawiony na powierzchni gleby narażony będzie na czynniki klimatyczne (opady, temperatura, światło słoneczne), podczas gdy inny, bezpośrednio zakopany w glebie, mimo iż chroniony od tych elementów, wystawiony będzie na działanie mikroorganizmów. Co więcej gleba leśna, główne miejsce zaśmiecania, różni się znacznie od rolniczej.

Skład gleby zmienia się w zależności od miejsca. Na środowisko glebowe wpływa kilka niekontrolowanych parametrów. Wśród nich wyróżnia się temperaturę (uzależniona od klimatu i sezonu), zawartość wody w glebie (zależna od opadów, nawadniania i zdolności do zatrzymywania wody), skład chemiczny (stosunek związków mineralnych do organicznych), pH i czynnik geograficzny. Różne kombinacje tych wszystkich elementów dają zróżnicowane środowiska glebowe, wpływając na ich ekologie. Z punku widzenia aktywności biodegradacji i mikrobiologii wyraźne zmiany zauważalne są nie tylko między rodzajami gleb, ale i sezonem. Określanie parametrów środowiskowych jest pierwszą kwestią podczas planowania testu określającego biodegradowalność. Czynniki środowiskowe zmieniają się w zależności od lokalizacji, stąd istotne jest skorelowanie charakterystyki biodegradacji do konkretnej gleby. Aktywne czynniki środowiskowe można podzielić na powierzchniowe i podziemne. Klasyfikacja ta nawiązuje do dwóch etapów życia produktu biodegradowalnego w glebie. Pierwszy etap związany jest z czynnikami klimatycznymi, drugi zaś z aktywnością mikroorganizmów.

Celowe wprowadzanie materiałów polimerowych do gleby

Jedną z dróg wprowadzania do gleby kompostowalnych pozostałości opakowań z tworzyw sztucznych jest dodatek kompostu, jako nawozu. Tworzywo kompostowalne to takie, które w pełni rozkłada się w ciągu jednego cyklu kompostowania. W praktyce oznacza to, że opakowanie powinno ulec rozdrobnieniu do fragmentów nie większych niż 2 mm w czasie nie dłuższym niż 3 miesiące. Dlatego też większe, widoczne pozostałości oryginalnego opakowania nie powinny, jednak czasem występują w dojrzałym kompoście. Elementy te, jako produkty niepełnej degradacji w czasie kompostowania, wprowadzane są z kompostem do gleby, gdzie następuje proces mineralizacji. Z roku na rok zainteresowanie polimerami biodegradowalnymi w obszarze rolnictwa rośnie. Obecnie zostały skutecznie przetestowane w wielu zastosowaniach pod kątem zastąpienia nimi konwencjonalnych polimerów, stosowanych w technikach rolnictwa intensywnego. Polimery biodegradowalne wykorzystywane są do wytwarzania folii tunelowych, mulczu, sieci, sznurów, doniczek, pojemników roślin, nawozów, rurociągów nawadniających ściółki oraz w kontrolowanym uwalnianiu pestycydów i herbicydów. Według Europejskiego Stowarzyszenia Przetwórców Tworzyw Sztucznych (European Plastic Converters) w rolnictwie stosuje się około 700 tys. ton rocznie tradycyjnych tworzyw sztucznych [15]. Zastąpienie konwencjonalnych tworzyw sztucznych ich biodegradowalnymi odpowiednikami wynika z przyczyn środowiskowych i ekonomicznych. Tradycyjne polimery muszą być usunięte po ich wykorzystaniu lecz są często pozostawiane na ziemi. Usuwanie i utylizowanie ich może być kosztowne i trudne w wykonaniu. W większości krajów europejskich są one albo poddane recyklingowi albo zbierane i spalane z odzyskiem energii. Niestety powszechne jest niekontrolowane spalanie bądź mechaniczne mieszanie plastikowych pozostałości z glebą. Skutkiem tych praktyk jest zanieczyszczenie pól i powietrza, wizualne zanieczyszczenie oraz akumulacja tworzyw sztucznych w glebie. Dzięki zastosowaniu biodegradowalnych ściółek unika się działań związanych z odzyskiem czy unieszkodliwianiem, ponieważ po użyciu może on być zaorany i rozłożony w miejscu wykorzystania. Czas degradacji tworzywa musi być jednak kompatybilny z jego zastosowaniem, gdyż zbyt szybki rozkład wpływa na wydajność ściółki, zbyt wolny zaś może kolidować z rozwojem korzeni roślin [15].

Niezamierzone prowadzenie materiałów polimerowych do gleby

Innym sposobem wprowadzenia tworzyw sztucznych do gleby jest zaśmiecanie. Używanie polimerów biodegradowalnych nie powinno zachęcać do śmiecenia, nie powinno być wymówką lub uzasadnieniem zaśmiecania. Niezależnie od tego czy tworzywo jest biodegradowalne czy nie, masowe zaśmiecanie powoduje obciążenie środowiska, co jest poważnym problemem. Przykładem tego są papierowe serwetki lub gazety, które pozostają w charakterze śmieci przed rozłożeniem. Stąd też jednoznaczne stwierdzenie zdolności materiału do biodegradacji, może to bowiem skutkować błędnym mniemaniem społeczeństwa, iż zaśmiecanie środowiska takimi opakowaniami nie jest szkodliwe. Dlatego polityka laboratorium badającego biodegradowalność powinna zawierać badania nad czasem rozkładu polimerów biodegradowalnych nie w celach komercyjnych, ale dla kompleksowej oceny rzeczywistych korzyści pochodzących z ich stosowania. Plastikowe przedmioty jak torby, sztućce czy opakowania po żywności są zwykle wyrzucane i pozostawiane na ziemi bez zakopywania ich w ziemi. Typowym środowiskiem, w których takie praktyki są stosowane, są lasy i tereny wzdłuż autostrad [2,15].

Współwinnymi tworzenia składowisk (w lasach, na poboczach dróg) tworzyw nie biodegradowalnych oraz deponowania ich w odpadach komunalnych są nieuczciwi producenci toreb handlowych. W celu wyróżnienia swojego produktu stosują liczne „zielone" znaki oraz piktogramy, skróty myślowe mające działać na wyobraźnię klienta i dając złudzenie troski o środowisko. Takie chwyty marketingowe skłaniają do wyrzucania takich toreb gdziekolwiek, co zaprzecza prawidłowej edukacji ekologicznej [26].

Czynniki powierzchniowe wpływające na proces degradacji

Plastikowe przedmioty, podczas stosowania lub wyrzucania, są narażone na działanie promieni słonecznych. Ma to duży wpływ na ich degradację i wytrzymałość naświetlonych części tworzyw sztucznych. Czynnik ten powoduje promowanie reakcji fotochemicznych, prowadzących do utlenienia i zmniejszenia masy molowej. Z drugiej strony może to prowadzić do otrzymania opornego na biodegradacje materiału usieciowanego. Dodatkowym efektem jest lokalny wzrost biodegradacji (spadek masy cząsteczkowej i kruchość) spowodowany wzrostem temperatury. Ma to szczególne znaczenie w przypadku materiałów w kolorze czarnym.

Proces biodegradacji nie zostanie uruchomiony jeśli gleba oraz materiał będą suche. Opady deszczu bądź system nawadniający powoduje zamoczenie materiału i zanieczyszczenie go odpryskami gleby. W efekcie tego następuje czasowy wzrost drobnoustrojów na powierzchni elementów. Mikroorganizmy oddzielone w ten sposób od gleby zaczynają wydzielać enzymy, które mają rozłożyć polimer, w celu uzyskania przyswajalnych dla nich składników odżywczych. Obecność wody powoduje również hydrolizę abiotyczną i wymywanie takich dodatków jak plastyfikatory. Udowodniono jednak, że obecność wody może hamować np. termodegradację.

Nie tylko mikro- ale i makroorganizmy biorą udział w procesie biodegradacji. Różne owady i bezkręgowce spożywają tworzywa sztuczne, co może prowadzić do uszkodzeń mechanicznych tworzywa. Zanotowano, iż niektóre składniki polimerów biodegradowalnych przyciągają owady (np. skrobia), co w aspekcie zastosowania folii w rolnictwie może być problemem [15].

Czynniki podziemne wpływające na proces degradacji

Większość procesów biodegradacji zachodzi w wierzchniej warstwie gleby. Jest ona zwykle ciemniejsza z powodu nagromadzenia materii organicznej, wody i składników odżywczych roślin i mikroorganizmów. Struktura gleby uzależniona jest m.in. od praktyk rolniczych, które wpływają na ilość wody, dyfuzje gazową, porowatość i transfer ciepła. Gleby piaszczyste charakteryzuje wolna dyfuzja gazów, z kolei gliny są trudno odpowietrzalne. Efektem różnic w strukturze gleb są ich inne profile mikroorganiczne. Na terenach piaszczystych rozwijają się organizmy ściśle tlenowe – grzyby, podczas gdy obszary gliniaste bogate są bakterie aerobowe. Z kolei rodzaje populacji mikroorganizmów wpływają na aktywność biodegradacji. Procesy enzymatyczne oraz wzrost populacji zależą od temperatury gleby. Parametr ten wpływa również na mobilność łańcuchów polimerowych, a tym samym na kontakt miejsc aktywnych enzymu i grup polimeru podatnych na ich działanie [15].

Materia organiczna pełni nie tylko funkcje odżywczą, ale też wpływa na retencje wody, a niekiedy stanowi bufor do utrzymania odpowiedniego pH. Wykazano, że dodatek materii organicznej (np. kompostu w ilości 10%) przyspiesza tempo biodegradacji.

Rodzaj mikroflory determinowany jest przez pH środowiska. Wzrost kwasowości gleby ogranicza rozwój bakterii, zaś sprzyja wzrostowi grzybów. Udowodniono, że kwaśne gleby leśne charakteryzują się wolniejszym przebiegiem biodegradacji. Wykazano też, iż te same gleby zneutralizowane $CaCO_3$ są bardzo aktywne [15].

Wielkość ziaren gleby oraz ilość wody (konkurencja w porach) determinują zawartość gazów. Warunki tlenowe dają lepsze wyniki dotyczące biodegradacji. Wyjątkiem jest polihydroksy-maślan-walerianian, który bardzo dobrze degraduje się w warunkach beztlenowych.

Pola uprawne mają mniejsze zawartości organizmów żywych niż tereny dziewicze. Pojedyncza próbka gleby może zawierać ponad 4000 genetycznie różnych bakterii. Grzyby, mimo iż są organizmami dominującymi w glebie i produkują większa ilość enzymów, nie mają jednak zdolności do utleniania materiału [15,20].

Przy długoterminowej ekspozycji na środowisko każdy, nawet oporny polimer, ulega degradacji. Z tego względu termin biodegradacji nie ma żadnego praktycznego znaczenia bez ustalenia ram czasowych, w których ten proces następuje. Degradacja tradycyjnych polimerów, o ile ciekawa z naukowego punktu widzenia, jest w praktyce nieistotna. Gospodarka odpadami, ściśle związana z biodegradacją, dąży do zrównoważenia stale rosnącej produkcji i tempa usuwania odpadów z tworzyw sztucznych.

Metody oparte na umieszczeniu polimeru w glebie zostały ustalone i znormalizowane do badania odporności tworzyw sztucznych na mikroorganizmy. Początkowo wykorzystywane były do badania substancji mających kontakt z glebą np. materiałów budowlanych i pokryć namiotów. Po wykopaniu przeprowadzana jest ocena wizualna oraz pomiar utraty masy i wytrzymałości na rozciąganie. Testy te służą przede wszystkim do zasygnalizowania czasu rozkładu polimeru w danym rodzaju podłoża [15].

Biodegradacja utlenionego polietylenu

Ogromna ilość opakowań wytwarzana jest z PE i używana tylko raz. PE nie ulega biodegradacji, ponieważ jest odporny na atak mikrobiologiczny. Mikroorganizmy są w stanie rozłożyć jedynie produkty utlenienia PE. Wielkość cząsteczek polimeru uniemożliwia im przejście przez błonę komórkową. Problem ten bywa niekiedy rozwiązany przez wytworzenie enzymów zewnątrzkomórkowych, powodujących cięcie makromolekuł na mniejsze fragmenty. Ponadto polimery o łańcuchach homoatomowych zbudowane są z niepolarnych wiązań C-C i C-H, które nie zapewniają centrów ataku nukleofilowego lub elektrofilowego. W rzeczywistości najbardziej reaktywne są defekty w strukturze polimeru, np. węgiel trzeciorzędowy odgałęzienia, wiązania podwójne lub grupy zawierające atom tlenu

[27,28,29]. Z powodu rzadkiego występowania takich elementów ich wpływ na cały proces jest niewielki. Folie PE są hydrofobowe oraz zawierają małą liczbę wolnych zakończeń łańcuchów. W związku z tym reaktywność polimeru jest znikoma, a jego rozpad ogranicza się do reakcji rodnikowych. PE w podwyższonej temperaturze jest wrażliwy na utlenianie tlenem z powietrza. Dlatego też dodaje się do niego niewielkie ilości stabilizatora, który wydłuża czas życia produktu oraz skutecznie zapobiega utlenieniu. Sytuacja zmienia się diametralnie, jeżeli do materiału wprowadza się prooksydanty (prodegradanty), w odpowiednio zbilansowanej ilości i stosunku do zawartości antyoksydantów. Taki polimer często nazywany jest „materiałem o czasowo programowanych właściwościach mechanicznych" [20].

Drobnoustroje mogą porastać powierzchnię PE i konsumować produkty jego utlenienia, substancje wypełniające (np. skrobia) lub cząsteczki prodegradantu. Najintensywniejszy wzrost mikroorganizmów następuje w pierwszej fazie po inkubacji na materiale, po czym w fazie drugiej, z powodu braku cząsteczek o niskiej masie cząsteczkowej, biodegradacja jest praktycznie nie wykrywalna. Mimo to wzrost mikroorganizmów na powierzchni PE, nie można uznać za wystarczający dowód jego biodegradacji [20].

Utlenianie PE umożliwiające biodegradacje materiału następuje pod wpływem głownie światła i ciepła. Przeprowadzono badania biodegradacji LD-PE zawierającego prooksydanty. Przed testem próbki były inkubowane przez 44 dni w temperaturze 55°C. Na skutek termooksydacji nastąpił spadek średniej masy cząsteczkowej polimeru. Następnie próbki umieszczono w glebie leśnej, w temperaturze pokojowej, i kompoście w 55°C. Okres szybkiego wzrostu mikroorganizmów, a w związku z tym, biodegradacji trwał 30 dni, podczas którego stopień mineralizacji osiągnął plateau na poziomie 4%. Po 160 dniach wprowadzono kolejną porcję gleby i kompostu. Po roku obserwowanej biodegradacji stopień mineralizacji w glebie leśnej wynosił 50-60%, podczas gdy w kompoście osiągnięto 80%-ową mineralizację. Potwierdziło to fakt, iż abiotyczne termo-utlenienie trwało nadal, dzięki obecności prooksydantów [20,22]. Jednak takie dowody biodegradacji wciąż powinny być przyjmowane z ostrożnością. Przede wszystkim z powodu innych źródeł węgla zawartych w ściółce. Pomimo rygorystycznie zaprojektowanego badania, w wielu przypadkach pochodzenie badanego CO_2 (produktu mineralizacji) nie jest pewne.

Mimo długoletnich badań nad rozkładem PE nadal nie znaleziono odpowiedzi na wszystkie pytania. Najistotniejszą zagadką jest mechanizm degradacji. Wciąż przedstawiane są nowe, znacznie różniące się od siebie opcje. Nie jest wiadome czy mikroorganizmy uczestniczą w procesie biodegradacji materiału, czy jedynie biernie konsumują produkty abiotycznego utlenienia. W dalszym ciągu naukowcy nie są w stanie określić ram czasowych całego procesu dekompozycji materiału. Badanie biodegradacji modyfikowanego dodatkami PE jest długie, w związku z tym PE z prooksydantami będzie produkowany w ogromnych ilościach, zanim wiedza o jego losie i wpływu na środowisko będzie satysfakcjonująca [20].

I.6. Wpływ biodegradowalnych polimerów na organizmy żywe w glebie

Jak wiadomo produkty powstałe w wyniku rozkładu polimerów biodegradowalnych przedostają się do gleb, wód powierzchniowych i podziemnych, powietrza. Ważne jest aby substancje wydzielane nie wykazywały działania toksycznego i nie akumulowały się w środowisku naturalnym [30].

Długie cząsteczki polimerów z racji swojej niedostępności nie są bezpośrednio szkodliwe dla komórek żywych. Nie może to być jednak zagwarantowane w przypadku niskocząsteczkowych składników polimeru, półproduktów jego degradacji lub pochodnych metabolicznych. Każdy proces degradacji powoduje zmiany chemii polimeru, dlatego też tworzywo sztuczne może być bezpieczne przed biodegradacją i okazać się toksyczne w jej trakcie. Działania cząsteczek toksycznych można się spodziewać na czterech etapach:

a) Po wprowadzeniu polimeru do gleby, obecne w nim toksyczne dodatki migrują do gruntu. Zgodnie ze swoją stabilnością chemiczną mogą powodować tymczasowe albo stałe działanie toksyczne.

b) Podczas użytkowania tworzywo sztuczne narażone jest na czynniki środowiskowe, które mogą powodować powstawanie ekotoksycznych półproduktów.

c) Podczas biodegradacji mogą być produkowane i uwalniane cząsteczki ekotoksyczne, a ich działanie może być tymczasowe lub stałe.

d) Po degradacji polimeru toksyczne stałe pozostałości i półprodukty mogą gromadzić się w glebie [15].

Trwa dyskusja nad tym, aby ewentualne niekorzystne działanie określne było po okresie 3-6 miesięcy przebywania polimeru w glebie. Oczekuje się, że w tym czasie materiał ulega znacznej degradacji i przechodzi pierwszą fazę przejściowej fitotoksyczności (toksyczności względem roślin). Obecnie ocena gleby na ekotoksyczność odbywa się po całkowitym rozpadzie polimeru w porównaniu z próbką gleby, w której równolegle rozłożony został materiał referencyjny (celuloza). Działanie ekotoksyczne oceniane jest na podstawie sumy stabilnych, toksycznych cząsteczek uwalnianych w różnych fazach. Aby wykryć taki wpływ należy zastosować znacznie większą dawkę badanego polimeru (1-2 rzędy wielkości) niż jest to obserwowane w praktyce. Istnieją znormalizowane metody badania wpływu biodegradacji na faunę i florę. Ocena wpływu na rośliny jest istotniejsza, z powodu częstego stosowania polimerów w rolnictwie. Niezwykle użyteczne są badania toksyczności mikrobiologicznej. Metody te są szybkie i tanie. Oparte są na działaniu cząsteczek toksycznych na jeden gatunek lub mieszaninę drobnoustrojów, co może powodować zmianę zachowania, ilości, tempa metabolizmu bądź wzrostu drobnoustrojów. Jednym z takich testów jest test bioluminescencji, w którym obecność związków toksycznych określana jest przez zmianę natężenia światła emitowanego przez organizmy luminescencyjne.

Z powodu swojego przeznaczenia, tworzywa biodegradowalne silnie oddziaływają na ekosystem. W ciągu ostatnich lat opublikowano standardy zarówno krajowe jak i międzynarodowe takie jak DIN 54900, ASTM D6002:1996 oraz EN 13432, będących źródłem kryteriów jakościowych i projektów badań. Wszystkie trzy standardy opierają się na czterech etapach:

a) Ocenie możliwości biodegradacji na podstawie składu chemicznego (struktura) oraz obecności składników będących lub podejrzewanych o ekotoksyczność, wprowadzanych do materiału celowo (np. środki zmiękczające);

b) Wyznaczeniu biodegradacji za pomocą BOD, uwalniania CO_2 lub CH_4;

c) Określeniu dezintegracji materiału w warunkach rzeczywistych i symulowanych;

d) Badaniu jakości podłoża (np. gleba, kompost) przez analizę chemiczną i fizyczną oraz ekotoksyczności, przynajmniej dla roślin wyższych [2].

Negatywne skutki obecności materiałów biodegradowalnych obserwowane są najczęściej w czasie wzrostu roślin. Najbardziej znaczącym aspektem jest powstawanie toksycznych produktów ubocznych procesu fermentacji związków organicznych w czasie biodegradacji. Główną przyczyną zmniejszenia wzrostu roślin jest zwiększenie aktywności drobnoustrojów, a co za tym idzie spadek zawartości tlenu w porach gleby, formowanie kwasów tłuszczowych jako typowych pochodnych ich metabolizmu (głównie mrówkowego, octowego i propionowego), to zaś prowadzi do spadku pH gleby. Możliwa jest także samoistna zmiana składu jakościowego populacji bakterii i wzbogacenie jej o gatunki potencjalnie chorobotwórcze dla występujących w tym obszarze roślin. Działania te są jednak tymczasowe w przeciwieństwie do działania metali ciężkich już obecnych w ziemi. Mogą one bowiem być łatwo włączone do łańcucha pokarmowego. Kwasy humusowe formowane podczas procesu biodegradacji mogą tworzyć z metalami ciężkimi zawartymi w glebie (kompoście lub szlamie) związki kompleksowe rozpuszczalne w wodzie (szczególnie Cu, Pb, Zn, Ni) umożliwiając im przedostanie się do wód zarówno powierzchniowych jak i gruntowych. Z drugiej strony niektóre kwasy humusowe są zdolne do tworzenia stabilnych związków z metalami ciężkimi, zapobiegając tym samym do przedostania się ich do wnętrza komórek. Kolejnym przykładem oczyszczania z substancji toksycznych jest zdolność tych kwasów do wyłapywania i wiązania organicznych zanieczyszczeń. Jednak rozpuszczone substancje humusowe mogą adsorbować się na powierzchni komórki i wymusić lub zahamować jej wchłanianie przez zmianę przepuszczalności błony. Mogą również zmieniać strukturę związków organicznych (głównie przez reakcje rodnikowe) tworząc produkty o niższej lub wyższej toksyczności [15].

Potencjalnym zagrożeniem są wszelkie dodatki do polimerów. Pod tym względem najwięcej mówi się o prodegradantach zawierających jony metali. Mimo, iż w glebie metale te występują naturalnie, istnieją obawy dotyczące ich akumulacji i obecności w roślinach. Niepokój wzmacniany jest ciągłymi pogłoskami na temat wpływu kolejnych substancji na zdrowie ludzkie. Przykładem takim jest Ni, uważany za kancerogenny. W rzeczywistości rośliny pobierają bardzo małe ilości metali z podłoża. Przeprowadzone przez Gilead'a badania i kalkulacje wykazały, że aby podnieść zawartość Ni w glebie o 1 ppm za sprawą ściółki z opakowań zawierających nikiel, należało by dany teren pokrywać nią codziennie przez około 500 lat. Ponadto wykonane zostały badania z użyciem dużej ilości rozpuszczalnego w wodzie związku niklu, w celu zasymulowania takiej akumulacji metalu. Wyniki wskazywały nieznaczny wzrost stężenia niklu w popularnie występujących zbożach [31].

I.7. Przykłady polimerów biodegradowalnych

Istnieją różne klasyfikacje polimerów. Ze względu na podatność na biodegradacje dzieli się je na trzy klasy odpowiadające kolejnym etapom ich rozwoju: polimery naturalne (biopolimery), syntetyczne i polimery najnowszej generacji, otrzymane w procesach biotechnologicznych (produkowane przez mikroorganizmy). Rysunek 5 przedstawia podział polimerów biodegradowalnych wraz z przykładami [2,21].

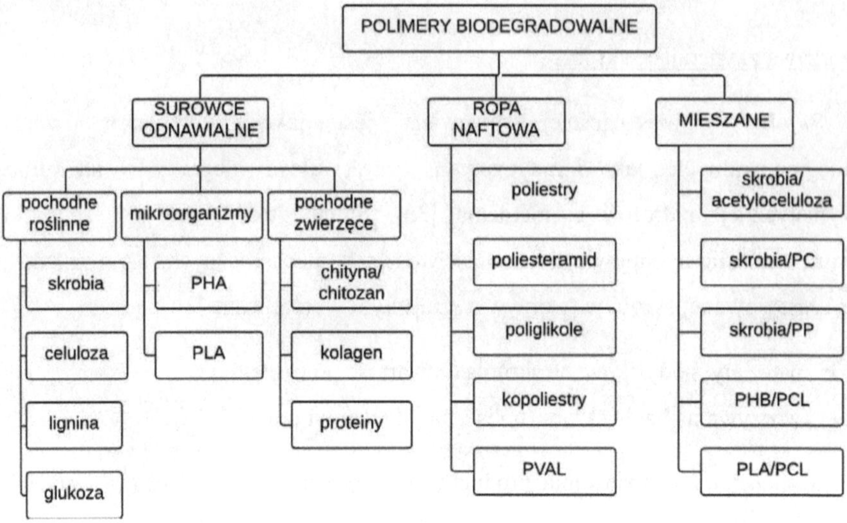

Rysunek 5. Podział polimerów biodegradowalnych [2].

Materiały na bazie surowców odnawialnych

Polimery z surowców odnawialnych produkowane są przez klasyczną syntezę chemiczna z monomerów pochodzenia naturalnego oraz biopolimery produkowane przez zmodyfikowane bakterie bądź inne mikroorganizmy [32]. Surowcami odnawialnymi są związki organiczne pochodzenia roślinnego lub zwierzęcego, stosowanie w głownie w sektorze nieżywnościowym.

Ze względu na częstość stosowania wyróżnia się:

- materiały na bazie skrobi,
- materiały na bazie celulozy,

Natomiast ze względu na pochodzenie dzieli się je na:

- bezpośrednio otrzymywane z biomasy (polisacharydy i proteiny),
- wytwarzane metodami syntezy chemicznej (PLA),
- otrzymywane w procesach biotechnologicznych (PHA).

<u>Tworzywa zawierające skrobię</u>

Skrobia coraz częściej stosowana jest jako modyfikator tworzyw biodegradowalnych jak i tradycyjnych, gdyż ulega degradacji na drodze enzymatycznej hydrolizy i utlenienia [33]. Sama skrobia nie jest zdolna do utworzenia folii o odpowiednich właściwościach mechanicznych. Ze względu na ilość zastosowanej skrobi w tworzywie sztucznym wyróżnia się [34]:

- materiały modyfikowane skrobią (zawartość poniżej 40%),
- tworzywa na bazie skrobi (polisacharyd stanowi ponad 50%).

W zależności od zastosowania produktu dodatek skrobi wynosi 6% w przypadku toreb foliowych jednorazowych, zaś 10% dla folii sztywniejszych.

Opakowania PE-skrobiowe uważa się za częściowo biodegradowalne lub biofragmentowalne, ponieważ tylko skrobia jest podatna na działanie drobnoustrojów. W wyniku hydrolizy enzymatycznej jest ona usuwana z tworzywa, co skutkuje obniżeniem właściwości mechanicznych. Po całkowitym usunięciu skrobi, część polietylenowa zostaje rozproszona w środowisku. Nie stwierdzono jeszcze jakie skutki uboczne niesie za sobą taki proces [2].

Otrzymywanie opakowań PE-skrobiowych wiąże się z niezbędnymi modyfikacjami. Dotyczą one budowy skrobi, która źle miesza się z PE. W czasie produkcji ziarna skrobi są wpasowywane w matrycę polimeru. Jedynie skrobia termoplastyczna, o małej krystaliczności i niskiej zawartości wody, może być łączona z różnymi polimerami jak poli(ε-kaprolakton), octan celulozy, poli(alkohol winylu). Otrzymane materiały mają właściwości zbliżone do PE, będąc jednocześnie biodegradowalnymi i mogą charakteryzować się różnymi cechami w zależności od dodatków [2]. Aby biodegradacja materiału była możliwa konieczna jest duża ilość komponentu skrobiowego. Produkty z takiego materiału, z powodu wrażliwości na mikroorganizmy, wymagają zastosowania grubszych folii do zapewnienia dobrych właściwości mechanicznych [14,27]. W związku z obniżonymi właściwościami materiałów zawierających skrobię ich zastosowanie jest ograniczone [14].

Materiały zawierające celulozę

Tak jak w przypadku skrobi, zainteresowanie celulozą ciągle wzrasta. Jej właściwości mechaniczne a także rozkład zależą od stopnia obróbki i rodzaju podstawnika. Do produkcji opakowań używa się celulozy regenerowanej, otrzymywanej przez zacylowanie grup wodorotlenowych. Najszybciej biodegradowalne okazały się octan celulozy i dioctan celulozy. Połączenie takiej celulozy z poliolefinami pozwala otrzymać wysoko biodegradowalne folie o dobrych właściwościach barierowych. Folie zawierające tylko celulozę pokrywa się woskiem nitrocelulozowym bądź poli(chlorkiem winylidenu) (PVdC), w celu poprawy właściwości barierowych [2]. Folie celulozowe stosuje się jako opakowania pieczywa cukierniczego, czekolady, cukierków, mięsa, wędlin, owoców i warzyw [4].

Tworzywa zawierające chitozan

Folie produkowane z chitozanu cechuje wysoka barierowość w stosunku do gazów. Zastosowanie chitozanu jest bardzo szerokie, a wytwarzane z niego opakowania są jadalne. Związek ten charakteryzuje się bioaktywnością, biozgodnością, biomieszalnoscią, błono- i włóknotwórczością, biodegradowalnością oraz właściwościami sorpcyjnymi i chelatującymi wielu jonów metali. Inhibituje też wzrost niektórych bakterii, co daje możliwość wykorzystania w produkcji opakowań aktywnych, np. do pakowania świeżych produktów w atmosferze modyfikowanej [2].

Materiały zawierające proteiny

Proteiny w branży opakowaniowej stosowane są jako etykiety (kazeina) lub opakowania jadalne. Są one przedmiotem badań nad otrzymaniem proteinowych folii termoplastycznych. Związany jest z tym wzrost zainteresowania glutenem, materiałem tanim, łatwo dostępnym, odpornym na wilgoć, którego przezroczystość zbliżona jest do PP. Proteinowe folie i pianki, stosowane w branży opakowaniowej, produkowane są z żelatyny. Mimo doskonałej barierowości w stosunku do gazów kolagenu stosuje się jego laminaty z innymi biopolimerami, z powodu wysokiej wrażliwości na wilgoć [2].

Biomateriały otrzymywane metodą syntezy chemicznej

Bardzo atrakcyjny z punktu widzenia produkcji opakowań jest kwas polimlekowy (PLA). Poliester ten otrzymywany jest na drodze polikondensacji kwasu mlekowego lub katalitycznego otwarcia pierścieni grup laktydowych. PLA charakteryzuje łatwość polimeryzacji, termoplastyczność i możliwość orientacji, obkurczania się w preferowanym kierunku po podgrzaniu. Folie otrzymywane z bi-orientowanego PLA, charakteryzuje połysk, wysoka przeźroczystość, dobra zgrzewalność i zdolność do przepuszczania pary wodnej, odporność na tłuszcze i alkohol, termoformowalność i możliwość nadruku. Z powodu wysokiej temperatury zeszklenia komercyjny Biophan (mieszanka D i L laktydu w proporcji 9:1) ulega biodegradacji dopiero w warunkach kompostowania w podwyższonej temperaturze (powyżej 60°C). Rozpad wiązań estrowych zachodzi na drodze hydrolizy bez konieczności katalizy enzymatycznej, a powstałe oligomery i kwas mlekowy, dobrze rozpuszczalne w wodzie, są szybko przyswajane przez organizmy [2,21]. Bardzo dobrą biokompatybilnością z organizmami żywymi charakteryzują się mieszanki PLA i skrobi [35].

Biomateriały wytwarzane przez mikroorganizmy

Polikwasy hydroksyalkanowe (PHA) określane są poliestrami bakteryjnymi, ponieważ syntezowane są w komórkach wielu bakterii jako materiał zapasowy. Mimo dość wysokiej ceny zainteresowanie nimi stale rośnie. Najbardziej znanymi przedstawicielami tej grupy są kwas polihydroksywalerianowy (PHV) i masłowy (PHB). Ich kopolimer p(3HB-CO-3HV) znany jest pod nazwą Biopol® [2,14]. Właściwości tego kopolimeru są zbliżone do właściwości poliolefin, w tym niska przepuszczalność pary wodnej. Wykazuje również dużą barierowość w stosunku do aromatów, dzięki czemu znalazł zastosowanie do produkcji torebek, worków na odpady i powlekania papieru [4]. Biodegradacja PHA przebiega z udziałem depolimeraz i esteraz, rozbijających polimer do oligomerów, które po działaniu hydrolazy oligomerowej rozpadają się do monomerów. Kopoliester p(3HB-CO-3HV) wykazuje całkowitą degradację w warunkach beztlenowych [2,21].

Materiały na bazie surowców petrochemicznych

Ze względu na obecność wiązań wrażliwych na działanie mikroorganizmów, największą popularnością cieszą się poliestry i kopoliestry. Wśród biopolimerów syntetycznych możemy wyróżnić alifatyczne (poli(ε-kaprolakton), polibursztynian butylu), aromatyczne (różne odmiany modyfikowanego PET) oraz kopoliestry alifatyczno-aromatyczne [2]. Do alifatycznych poliestrów syntetycznych zalicza się również związek o handlowej nazwie BionolleTM, częsty dodatek do foli PE mający przyspieszyć jego rozkład [14].

Poli(ε-kaprolakton) (PCL) znany jest od wielu lat i stosowny m.in. jako składnik mieszanin ułatwiający ich biodegradację. Z powodu niskiej temperatury topnienia związek ten szybko rozkłada się w warunkach kompostowania. PCL zdolny jest do biodegradacji w warunkach morskich oraz aktywnych osadach dzięki działaniu bakterii. W zależności od warunków i rodzaju włókna, połowiczny okres degradacji PCL wynosi w glebie 30-40 dni, 15-20 dni w wodzie morskiej i 120-150 dni na aktywnym osadzie [2].

Polibursztynian butylenu (PBS) jest materiałem o właściwościach zbliżonych do właściwości PET. Efektywne z punktu widzenia ekonomii są połączenia PBS ze skrobią (TPS) lub kopoliestry z adypinami (PBSA). Otrzymane produkty charakteryzują się bardzo dobrymi właściwościami wytrzymałościowymi i barierowymi oraz niskim kosztem produkcji. Czas rozpadu uzależniony jest od ilości części adypinowych w materiale i wynosi on około miesiąca.

Szeroki wachlarz zastosowań dotyczy także poli(alkoholu winylowego) (PVAL). Podstawową zaletą folii PVAL jest możliwość rozpuszczenia jej w wodzie. Cechy te umożliwiają również wykorzystanie PVAL do dostarczania nawozów, pestycydów i herbicydów. Tak jak poprzednie polimery może być łączony z innymi polimerami naturalnymi, np. skrobią, celulozą, chityną. Opisywane są także połączenia PVAL-PCL, PVAL-PHB.

Bardzo dobre właściwości wytrzymałościowe polimerów aromatycznych przy jednoczesnej biodegradowalności polimerów alifatycznych cechują kopoliestry alifatyczno-aromatyczne (AAC). Na rynku występują ona pod handlowymi nazwami estarbio i ecoflex. Przeprowadzone testy wykazały, iż rozkład następuje w ciągu około 20 dni. Wieloblokowe poliestry alifatyczno-aromatyczne można modyfikować ekologicznie.

I.8. Spektroskopia fotoakustyczna (PAS) w analizie polimerów

Spektroskopia fotoakustyczna to jedna z technik analizy IR w zakresie widzialnym i podczerwieni. Analiza procesu sieciowania polimerów jest łatwiejsza w przypadku metody fotoakustycznej niż za pomocą metody transmisyjnej, ponieważ daje lepiej sprecyzowane i odseparowane pasma nadtonów połączeń hydroksylowych i ich kombinacji z wiązaniami C-H [36].

Metoda ta oparta jest na efekcie fototermicznym (optotermicznym), który został zaobserwowany po raz pierwszy w 1880 r. przez Aleksandra Grahama Bella. Efekt optotermiczny powstaje na skutek absorpcji kwantu promieniowania, co prowadzi do wzbudzenia cząsteczki. Po krótkim czasie (10-11 s) przebywania w tym stanie dochodzi do dezaktywacji. Ogólny mechanizm może być opisany schematem przedstawionym na Rysunku 6.

$X + h\nu \rightarrow X^*$

$X^* \rightarrow X$ + ciepło (degradacja energii na drodze bezpromienistej)

$X^* \rightarrow X$ + ciepło + $h\nu'$ (degradacja energii wraz z emisją kwantu $h\nu'$).

Rysunek 6. Ogólny mechanizm wzbudzenia [37].

Badana próbka umieszczona jest w zamkniętej komorze wypełnionej obojętnym gaz (hel, azot) i wyposażonej w bardzo czuły mikrofon i oświetlana wiązką IR. Na drodze przejść bezpromienistych, zaabsorbowane promieniowanie zamieniane jest na ciepło. Tak powstałe cyklicznie ciepło ogrzewa gaz wypełniający komorę powodując fluktuacje ciśnienia. Obserwowany efekt fotoakustyczny rejestrowany jest przez mikrofon. Wartość sygnału akustycznego jest proporcjonalna od ilości emitowanego przez próbkę ciepła, a ta z kolei zależy od energii zaabsorbowanego kwantu. Spektroskopia fotoakustyczna różni się od pozostałych metod spektroskopowych zastosowanym detektorem. PAS nie mierzy bowiem osłabienia promieniowania, ale efekty termiczne towarzyszące pochłanianiu promieniowania. Widmo fotoakustyczne jest bardzo podobne do widma absorpcyjnego próbki. Jest to jedna z wielu, ale zasadnicza zaleta tej metody. Kolejną jest możliwość badania próbki w różnych stanach skupienia (roztwory, ciała krystaliczne i amorficzne). Ta nieniszcząca metoda stosowana jest do badania powierzchni metali, izolatorów i półprzewodników, układów biologicznych. Metoda ta w zakresie UV-Vis ma także zastosowanie w kryminalistyce, do rejestrowania obecności krwi na odzieży [37]. Następnym atutem tej metody jest szybki i nieskomplikowany etap przygotowania próbki przed pomiarem. PAS wykorzystywana jest do analizy próbek optycznie nieprzezroczystych, o różnej morfologii i nieregularnym kształcie. Możliwość zmiany częstotliwości modulacji (tzw. opcja step-scan) umożliwia różnicowanie głębokości pomiaru np. polimerów warstwowych [38-39].

Głównym powodem zastosowania spektroskopii fotoakustycznej w niniejszej pracy była zbyt duża grubość niektórych folii polimerowych, aby można je było zanalizować metodą transmisyjną.

II. CZĘŚĆ DOŚWIADCZALNA

II.1. Cel pracy

Celem niniejszej pracy była próba scharakteryzowania oraz oceny zmian zachodzących w próbkach materiałów polimerowych deklarowanych jako biodegradowalne. Były to opakowania jednorazowe dostępne w sklepach na terenie Lublina oraz opakowania skrobiowe. Podstawowym składnikiem badanych opakowań był polietylen, który zawierał prodegradanty bądź skrobię. Próbki umieszczono w trzech glebach o różnym pH. Kolejne próbki umieszczono nad powierzchnią ziemi, aby zbadać wpływ samego tlenu oraz światła słonecznego na degradację, bez udziału mikroorganizmów (próbka referencyjna).

Stopień degradacji badano za pomocą spektroskopii fotoakustycznej FT-IR/PAS. Metoda ta umożliwia badanie próbek polimerowych bez konieczności wcześniejszego przygotowania. Ponadto technika ta pozwala na analizę folii o różnej grubości oraz barwie.

II.2. Materiały i odczynniki

W celu sporządzenia roztworów do pomiaru pH gleb zastosowano:

- $CaCl_2$ (cz.d.a. POCh Gliwice);
- KCl (cz.d.a. POCh Gliwice).

Odczynniki stosowane do pomiarów za pomocą spektroskopii fotoakustycznej:

- hel (o czystości 99,999%);
- wzorzec węgla (MTEC *carbon black* standard).

II.3. Aparatura pomiarowa

W celu oznaczania wilgotności oraz straty żarowej gleb wykorzystano następującą aparaturę:

- wagosuszarka RADWAG;
- waga analityczna;
- suszarka laboratoryjna;
- piec muflowy;
- eksykator;
- szczypce;
- tygielki porcelanowe i kwarcowe;
- szklane naczynka wagowe.

W celu oznaczanie pH gleb zastosowano pHmetr Beckman φ360.

Pomiary z wykorzystaniem spektroskopii fotoakustycznej:

Widma FT-IR/PAS rejestrowano za pomocą spektrofotometru EXCALIBUR firmy Bio-Rad, wyposażonego w przystawkę fotoakustyczną MTEC Model 300 (MTEC Model 300 Photoacoustic Detector). Widmo było rejestrowane w zakresie 4000-400 cm^{-1} przy rozdzielczości 4 cm^{-1} oraz prędkości zwierciadła 2,5 kHz. Interferogramy składały się z 512 skanów. Normalizację widm wykonano przez porównanie otrzymanych widm do widma tła, którym była sadza (MTEC *carbon black* standard). Badaną próbkę folii umieszczano w stalowym naczynku pomiarowym o średnicy 10 mm. Komorę pomiarową była przepłukiwana helem przez ok. 5 minut (przepływ 10 cm^3/s).

Dane spektroskopowe były analizowane i zapisywane za pomocą programu Win-IR Pro. Uzyskane dane doświadczalne opracowano przy użyciu programu graficznego *Grapher for Windows.*

Rysunek 7. Zdjęcie komory spektrometru z przystawką fotoakustyczną MTEC 300.

II.4. Metodyka badań

Przygotowanie próbek opakowań polegało na:

- wybraniu dziewięciu próbek jednorazowych folii opakowaniowych różniących się składem;
- przygotowaniu 144 próbek, po 16 próbek każdego rodzaju, które miały postać kwadratów o boku 10 cm;
- umieszczeniu przygotowanych próbek w trzech glebach o różnej charakterystyce, na głębokości około 15 cm, oraz na wysokości około 3m nad ziemią.

Badanymi foliami były opakowania pochodzące z sieci sklepów, na których producent umieścił informację o 100%-owej biodegradacji.

W każdym z wybranych miejsc umieszczono po cztery próbki każdego rodzaju, ze względu na ilość planowanych wydobyć próbek. Próbki umieszczone w glebie zakopano na głębokości około 15 cm, w warstwie najbogatszej w mikroorganizmy.

Próbki umieszczono w odpowiednich miejscach w dniu 22 maja 2011r. Następnie próbki każdego rodzaju były pobierane po 3, 6, 9 i 12 miesiącach. Po oczyszczeniu i folie zostały zbadane za pomocą spektroskopii FT-IR/PAS. Uzyskane widma każdej z próbek zostały porównane z ich widmami wyjściowymi. W niniejszej pracy umieszczono zestawienia tylko tych widm, które ukazywały największe zmiany poszczególnych próbek.

Oznaczanie pH gleb

Oznaczanie pH gleby polega na pomiarze standardowej zawiesiny gleby w wodzie destylowanej oraz w roztworze obojętnej soli. Otrzymane pH w wodzie destylowanej odpowiada czynnej kwasowości gleby (pochodzącej od jonów H^+), natomiast pH w obojętnej soli (0,01 M $CaCl_2$ lub 1 M KCl) odpowiada kwasowości wymiennej (pochodzącej od jonów kwaśnych np. Al^{3+}). W niniejszej pracy pomiary pH wykonano w roztworze $CaCl_2$ jak i KCl.

Standardową zawiesinę przygotowano w stosunku 1:2,5 masy gleby do objętości roztworu. Odważono trzy porcje po 10,0 g próbki gleby i umieszczono w zlewkach o pojemności 50 cm^3. Próbki zalano objętością 25 cm^3 odpowiednio:

- wody destylowanej,
- roztworu 1M KCl,
- roztworu 0,01M $CaCl_2$.

Zawiesinę kilkakrotnie mieszano i pozostawiono na 24 godziny. Po upływie tego czasu zawiesinę zamieszano i zmierzono pH. Pomiaru pH dokonano metodą potencjometryczną przy użyciu pehametru. Pehametr wykalibrowano wobec roztworów buforowych. Bezpośrednio przed każdym pomiarem zawiesinę intensywnie mieszano. Po ustabilizowaniu wskazań pHmetru odczytywano wartość pH.

Suszenie

Istotą metody było ustalenie ubytku masy próbki gleby będącego efektem odparowania wody higroskopowej w wyniku suszenia w 105°C. Analizę wykonano w dwóch powtórzeniach dla każdej próbki. W tym celu:

1. Tygielek kwarcowy suszono w suszarce w 105°C przez około 2 godziny.
2. Następnie przeniesiono do eksykatora zawierającego żel krzemionkowy i studzono do temperatury pokojowej (około 30 minut).
3. Po zważeniu naczynka z dokładnością do 0,0001 g (waga M_0) wsypywano około 5 g gleby powietrznie suchej i ponownie ważono naczynko z glebą (z dokładnością 0,0001 g) (waga M_P).
4. Po wstawieniu do suszarki, naczynko z glebą suszono w temperaturze 105°C przez 5 godzin, po czym przenoszono do eksykatora, studzono i ponownie ważono naczynko z glebą (waga M_K).

5. W celu upewnienia się, iż próbka jest dobrze wysuszona, powtórnie wstawiano naczynko z glebą do suszarki i suszono przez 1,5 godziny.
6. Jeśli masa nie zmieniła się, analizę uznawano za zakończoną. Jeśli waga próbki obniżyła się, suszenie, studzenie i ważenie próbki powtarzano do momentu osiągnięcia stałej masy (ostateczna waga M_K).

Zawartość wody higroskopowej W_H w glebie obliczano według poniższego wzoru:

$$W_H = \frac{(M_P - M_0) - (M_K - M_0)}{M_P - M_0} \quad [\%] \qquad (13)$$

Masa absolutnie M_A suchej gleby będzie wynosiła:

$$M_A = 100 - W_H \quad [\%] \qquad (14)$$

Oznaczanie straty żarowej

Oznaczenie straty żarowej (popielności) odnosi się do absolutnie suchej masy próbki, dlatego zawsze należy ją poprzedzić oznaczeniem zawartości wody higroskopijnej.

Oznaczenie straty żarowej (popielności) wykonano w następujący sposób:

1. Po zważeniu tygielka z dokładnością do 0,0001 g (masa M_T).
2. Następnie wsypano około 5 g próbki gleby z dokładnością do 0,0001 g (masa M_K).
3. Tygielek z próbką umieszczano w piecu muflowym i prażono w temperaturze 500°C przez 5 godzin.
4. Za pomocą szczypiec laboratoryjnych przenoszono tygielki do eksykatora i studzono (około 30 minut).
5. Ważono tygielek z wyprażoną próbką (waga M_S).

6. Dla upewnienia się, że próbka jest dobrze wyprażona, powtórnie wstawiano do pieca i prażono przez 1 godzinę, po czym studzono w eksykatorze i ważono.
7. Jeśli waga nie zmieniła się, analizę uznawano za zakończoną.
8. Jeśli waga próbki obniżyła się, prażenie, studzenie i ważenie próbki powtarzano do osiągnięcia stałej masy (ostateczna waga M_S).
9. Stratę żarową L_i (ang. *loss on ignition*) obliczano z poniższego wzoru:

$$W_H = \frac{(M_P - M_0) - (M_K - M_0)}{M_P - M_0} \quad [\%] \qquad (15)$$

10. Popielność próbki będzie wówczas wynosiła:

$$M_A = 100 - W_H \quad [\%] \qquad (16)$$

II.5. Przedstawienie i omówienie wyników badań

pH gleby

Przed umieszczeniem próbek w glebie zbadano pH. Miało to na celu określenie wpływu zakwaszenia gleby na procesu biodegradacji. Ponowny pomiar pH gleb wykonano po 12 miesiącach. Wyniki umieszczono w Tabeli 3. Największe początkowe zakwaszenie wykazywała gleba łąkowa. Jednak w wyniku zabiegów agrotechnicznych, mających na celu odkwaszenie gleby, pH końcowe osiągnęło najwyższa wartość. Pozostałe gleby wykazywały charakter lekko kwasowy bądź obojętny. Wyniki pH gleb po zakończeniu eksperymentu pokazały wzrost pH. Zmiana odczynu gleby mogła być spowodowana zwiększeniem zawartości próchnicy gleby, co może wskazywać na obecność produktów biodegradacji.

Tabela 3. Wyniki pomiaru pH próbek gleb.

PRÓBKA GLEBY	PRZED EKSPERYMENTEM			PO 12 MIESIĄCACH		
	H_2O	KCl	$CaCl_2$	H_2O	KCl	$CaCl_2$
Ogród	7,04	6,61	6,73	7,78	7,03	6,93
Łąka	4,09	3,24	3,23	7,99	7,30	7,32
Okolice jeziora	5,97	4,59	4,93	6,24	4,89	5,22

Wilgotność gleb

W celu zbadania wpływu wilgotności gleby na biodegradację próbek polimerów, przeprowadzono pomiar zawartości wody higroskopijnej poszczególnych gleb. Otrzymane wyniki umieszczono w Tabeli 4. Gleba pochodząca z obszaru w pobliżu jeziora wykazywała największa wilgotność, wynoszącą 19,60%. Zbliżoną wartość posiadała gleba łąkowa. Zaś najniższa wilgotność gleba z ogrodu.

Strata żarowa gleb (popielność)

Największy, od strony środowiskowej, wpływ na biodegradację polimerów ma zawartość materii organicznej. W celu zbadania tego wpływu zmierzono popielność próbek gleb. Otrzymane wyniki przedstawiono w Tabeli 4. Najwyższą zawartość materii organicznej wykazywała gleba ogrodowa, co związane jest z jej obojętnym odczynem, w którym chętnie rozwijają się bakterie aerobowe. Także większość roślin preferuje gleby o takim pH.

Tabela 4. Wyniki pomiaru wilgotności oraz popielności gleb, w których umieszczono próbki polimerowe.

Próbka gleby	Zawartość wody higroskopijnej [%]	Strata żarowa [%]
Ogród	15,65 ± 0,05	5,43 ± 0,43
Łąka	19,29 ± 0,05	4,45 ± 0,27
Okolice jeziora	19,60 ± 0,05	3,58 ± 0,26

Niepewność pomiarowa jest efektem zastosowania podejścia statystycznego bezpośrednio z zestawu wyników otrzymanych z kilku niezależnych powtórzeń dla tego samego układu. Wówczas niepewność pomiarowa oznaczana przez MU dana jest wzorem:

$$=$$

Gdzie SD oznacza odchylenie standardowe, n jest ilością powtórzeń, zaś $t_{0,05;n-1}$ jest parametrem studenta na poziomie ufności 95% dla n-1 stopni swobody.

<u>Badania FT-IR/PAS próbek opakowań</u>

Jedną z metod pozwalającą na ocenę stopnia biodegradacji jest spektroskopia IR. Jest to możliwe w oparciu o spadek intensywności pasm świadczących o obecności wiązań C-H i pojawieniu się pasm potwierdzających występowania połączeń tlenowych takich jak C-O, C=O, O-H, O-C=O oraz C=C [40,41].

Dla prezentowanych w niniejszej pracy opakowań przypisano odpowiednie numery. Badanymi próbkami opakowań były opakowania zawierające skrobię (opakowania 1-3) oraz opakowania wykonane z PE z dodatkiem prodegradantów (opakowania 4-9).

Rysunek 8. Zdjęcie próbki 1.

Rysunek 9. Zdjęcie próbki 2.

Rysunek 10. Zdjęcie próbki 3.

Rysunek 11. Zdjęcie próbki 4.

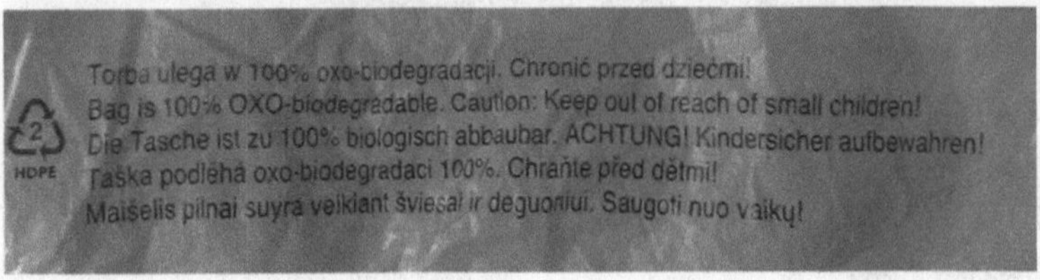

Rysunek 12. Zdjęcie próbki 5.

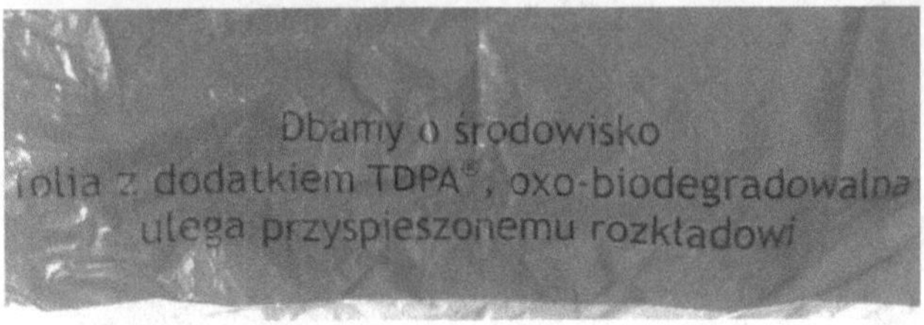

Rysunek 13. Zdjęcie próbki 6.

Rysunek 14. Zdjęcie próbki 7.

Rysunek 15. Zdjęcie próbki 8.

Rysunek 16. Zdjęcie próbki 9.

Prezentowane w pracy widma FT-IR/PAS podzielone zostały na dwa zakresy: 4000-2000 cm^{-1} oraz 2000-600 cm^{-1}, w celu otrzymania lepszej przejrzystości. W zakresie wyższych liczb falowych widoczne są głównie drgania grup –OH i wiązań C-H. Widma wykonywane były w pełnym zakresie 4000-400 cm^{-1}, jednak zakres 600-400 cm^{-1} nie dostarczał żadnych istotnych informacji, jak również charakteryzował się dużym poziomem szumów.

Dowodem tego, iż badane materiały wykonane zostały głównie z PE, są silne pasma pochodzące od drgań rozciągających C-H przy ok. 2920 cm^{-1} oraz pasmo o średniej intensywności przy ok. 725 cm^{-1} (zazwyczaj dublet). W przypadku silnie rozgałęzionego polimeru obserwuje się dodatkowe pasmo przy ok. 1380 cm^{-1} i 1365 cm^{-1} [41]. Ponadto kształt pasm przy 1460 cm^{-1} i 720 cm^{-1} widma dostarczają informacji o stopniu krystaliczności PE. W wyniku rozdzielenia pojawiają się dodatkowe pasma przy 1470 cm^{-1} i 730 cm^{-1} [43]. W przypadku polimerów badanych w niniejszej pracy, na widmach opakowań o numerach 4 - 9 widoczne było wspomniane rozszczepienie. Mimo różnic w strukturze LD-PE (krystaliczny w ~50%-ach) i HD-PE (bardziej regularny oraz w ~70%-ach krystaliczny), na analizowanych w niniejszej pracy widmach FT-IR/PAS, różnice są praktycznie niedostrzegalne.

Rysunki 17 i 18 przedstawiają odpowiednie widma FT-IR/PAS opakowania 1 po okresie 12 miesięcy przebywania w różnych miejscach.

Widma w zakresie 4000-2000 cm^{-1} opakowania wyjściowego 1 oraz po 12 miesiącach przebywania w różnych miejscach różnią się w głównej mierze intensywnością. Zauważalny jest duży spadek intensywności pomiędzy widmem początkowym a wszystkimi widmami końcowymi. Natomiast widma końcowe materiałów nie wykazują znaczących różnic. Można zauważyć spadek intensywności pików przy 3400 cm^{-1} (grupy hydroksylowe połączone wiązaniami hydroksylowymi), 2930 cm^{-1} (drgania rozciągające asymetryczne grupy metylenowej CH_2) oraz 2850 cm^{-1} (drgania rozciągające symetryczne CH_2). W przypadku opakowań umieszczonych w glebach w pobliżu jeziora i łąkowej pojawia się niewielki pik przy ok. 3630 cm^{-1} pochodzący od wolnych grup –OH (drgania rozciągające O-H). Na większości widm widoczne jest małe pasmo przy ok. 2400 cm^{-1} świadczące o obecności CO_2. Wyraźniejsze zmiany można zaobserwować na widmach w zakresie 2000-600 cm^{-1} (Rysunek 18).

W niższym zakresie liczb falowych zaobserwowano spadek intensywności wszystkich pików. Wysokie pasmo widoczne przy 1730 cm^{-1} świadczy o obecności wiązań C=O, mogących pochodzić zarówno od grup karboksylowych, aldehydowych, karbonylowych jak też estrowych. Pasma przy liczbie falowej 1570 cm^{-1} i 1550 cm^{-1} potwierdzają występowanie wiązań C=C, jak również ugrupowań tlenowych. Obserwowany pik przy 1480 cm^{-1} jest wynikiem drgań deformacyjnych asymetrycznych –CH, zaś pik przy 1280 cm^{-1} wskazuje na obecność wiązań C-O grup estrowych, bądź C-O-C. Pasma w zakresie 1180-880 cm^{-1} potwierdzają występowanie licznych połączeń tlenowych. Największy spadek intensywności ugrupowań tlenowych widoczny jest w przypadku materiału umieszczonego w glebie w pobliżu jeziora.

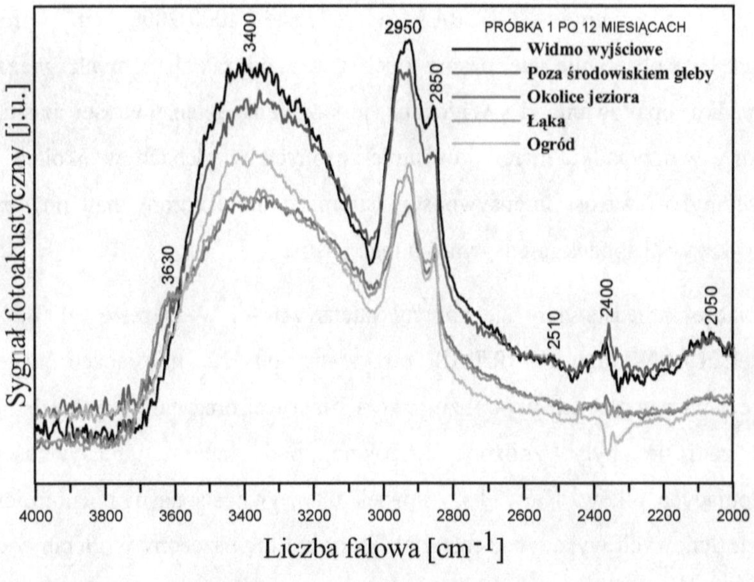

Rysunek 17. Widma FT-IR/PAS wyjściowego opakowania 1 oraz po 12 miesiącach przebywania w poszczególnych rodzajach gleb (zakres 4000-2000 cm^{-1}).

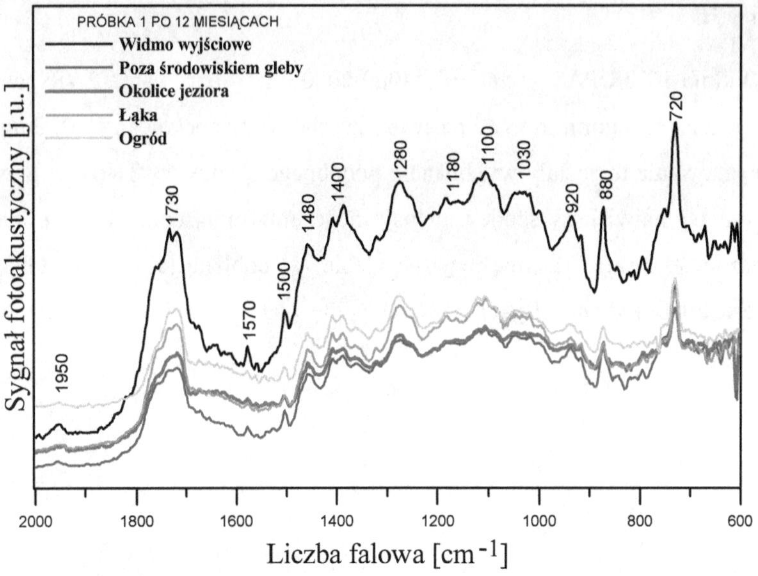

Rysunek 18. Widma FT-IR/PAS wyjściowego opakowania 1 oraz po 12 miesiącach przebywania w poszczególnych rodzajach gleb (zakres 2000-600 cm^{-1}).

Na widmie FT-IR/PAS w zakresie 4000-2000 cm^{-1} próbki 2 (Rysunek 19), obserwuje się pasma pochodzące od takich samych wiązań, jak w przypadku opakowania 1. Widoczna jest zmiana intensywności pasma przy 3400 cm^{-1}, w przypadku materiałów umieszczonych w glebach w okolicy jeziora i łąkowej był to wzrost intensywności, natomiast umieszczony nad powierzchnią gleby wykazywał spadek intensywności tego pasma.

Inaczej przedstawiały się zmiany intensywności w zakresie 2000-600 cm^{-1} (Rysunek 20). Widma FT-IR/PAS otrzymane po 12 miesiącach materiałów umieszczonych w glebach w pobliżu jeziora i łąkowej oraz nad powierzchnią gleby w tym zakresie były zbliżone, zarówno pod kątem intensywności, jak i występujących pików. Największy spadek intensywności pasm pochodzących od połączeń tlenowych wykazywał materiał, który był umieszczony w glebie w okolicy jeziora. W przypadku materiału umieszczonego w glebie ogrodowej widoczny jest wzrost intensywności pików świadczących o ugrupowaniach tlenowych, jak też wiązań C-H.

Widmo FT-IR/PAS w zakresie 4000-2000 cm^{-1} opakowania 3 (Rysunek 21) charakteryzuje się takimi samymi pasmami jak materiały opakowań 1 i 2. Potwierdza to, iż opakowania te zostały wykonane z podobnego tworzywa. Także w przypadku opakowania 3 największy spadek intensywności miał miejsce na widmie materiału umieszczonego przez 12 miesięcy w glebie w pobliżu jeziora. Podobnie jest w zakresie 2000-400 cm^{-1} (Rysunek 22).

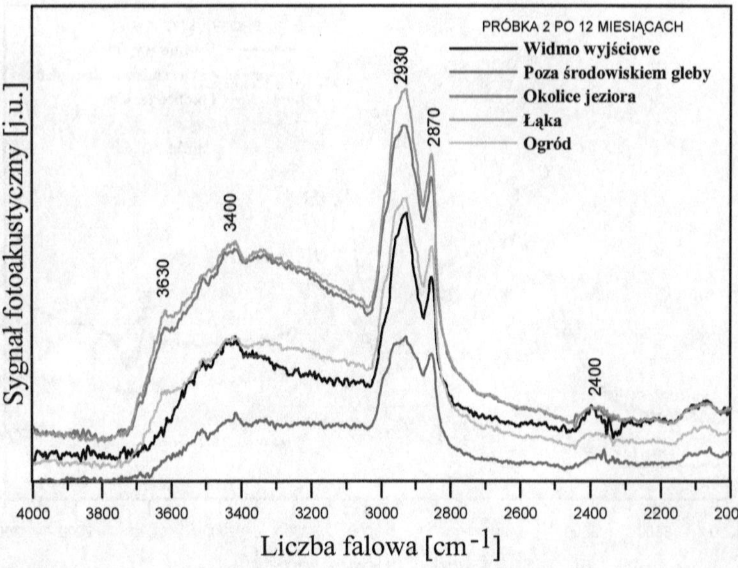

Rysunek 19. Widma FT-IR/PAS wyjściowego opakowania 2 oraz po 12 miesiącach przebywania w poszczególnych rodzajach gleb (zakres 4000-2000 cm^{-1}).

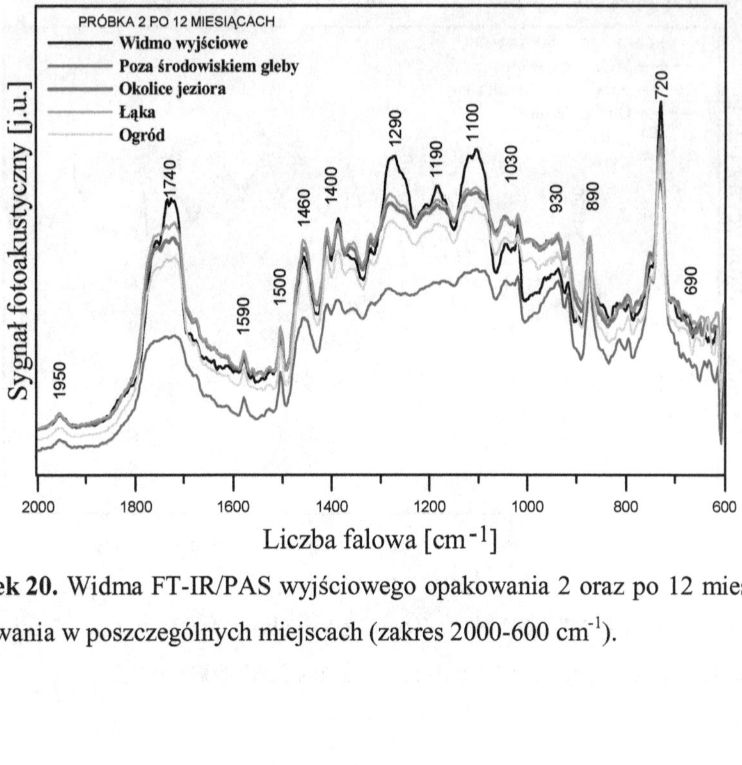

Rysunek 20. Widma FT-IR/PAS wyjściowego opakowania 2 oraz po 12 miesiącach przebywania w poszczególnych miejscach (zakres 2000-600 cm^{-1}).

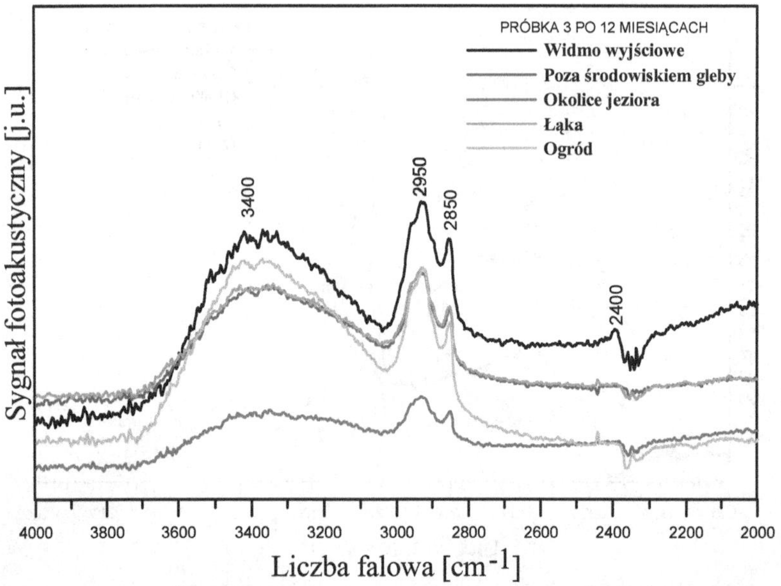

Rysunek 21. Widma FT-IR/PAS wyjściowego opakowania 3 oraz po 12 miesiącach przebywania w poszczególnych miejsc (zakres 4000-2000 cm^{-1}).

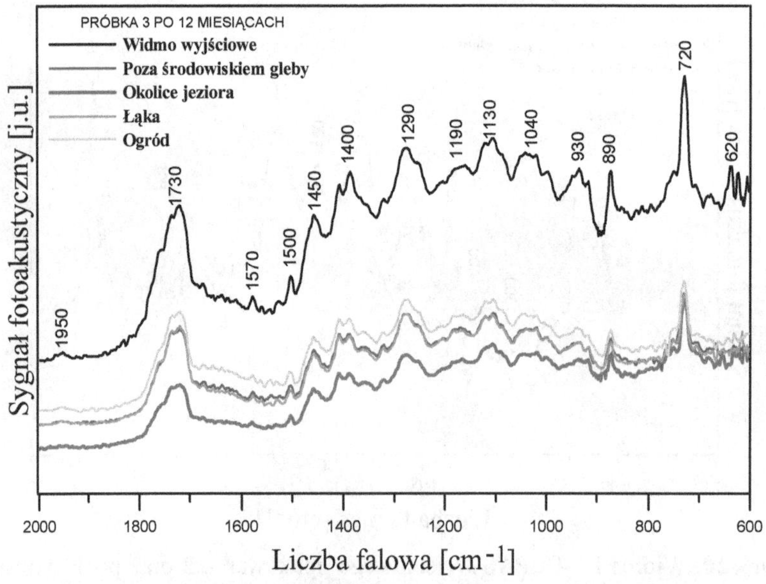

Rysunek 22. Widma FT-IR/PAS wyjściowego opakowania 3 oraz po 12 miesiącach przebywania w poszczególnych miejscach (zakres 2000-600 cm^{-1}).

Inną grupę opakowań tworzą materiały 4-9. Próbki te były wykonane z PE, do którego dodano niewielką ilość prodegradantu.

Widmo z zakresie 4000-2000 cm^{-1} opakowania 4 (Rysunek 23) różni się od poprzednich materiałów 1, 2 i 3 przede wszystkim silnym pasmem 2930 cm^{-1} i 2850 cm^{-1}, będących wynikiem drgań wiązań C-H. Kolejną różnicą jest występowanie pików przy liczbach falowych ok. 2650 cm^{-1} (drgania rozciągające grupy C-H) oraz 2510 cm^{-1} pochodzącej prawdopodobnie od drgań rozciągających O-H. Najmniejszy spadek intensywności w przypadku tego opakowania wykazywał materiał umieszczony w glebie w pobliżu jeziora.

Podobnie przedstawiały się widma FT-IR/PAS w zakresie 2000-600 cm^{-1} (Rysunek 24), z wyjątkiem szerokiego pasma w zakresie 1150-950 cm^{-1}, będącego wynikiem występowania wiązań C-O różnych ugrupowań tlenowych. W przypadku tego piku najmniejszą intensywność wykazywał materiał umieszczony poza środowiskiem gleby, najlepszy zaś, opakowanie umieszczone w glebie ogrodowej. Wysokie rozdzielone pasmo przy 1450 cm^{-1} i 1470 cm^{-1} świadczy o obecności LD-PE. Niewielkie pasmo przy 1800 cm^{-1} jest wynikiem drgań rozciągających wiązania C=O, występujących najprawdopodobniej w strukturze grupy estrowej.

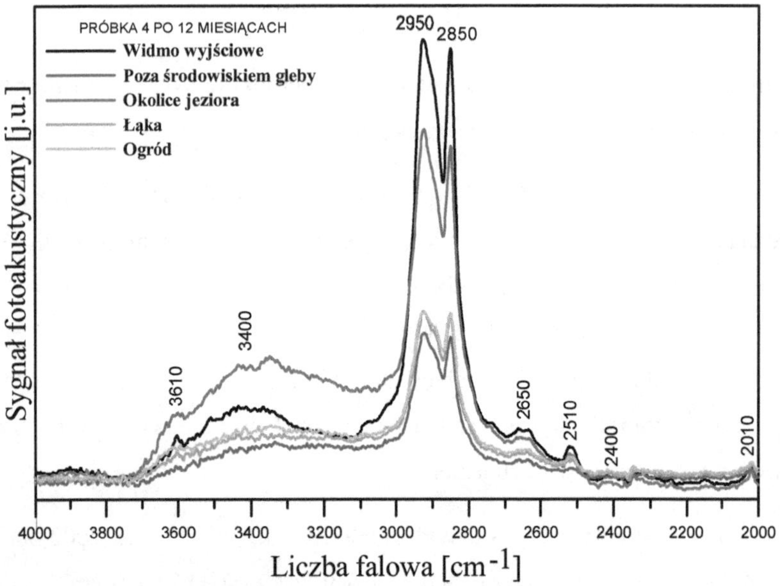

Rysunek 23. Widma FT-IR/PAS wyjściowego opakowania 4 oraz po 12 miesiącach przebywania w poszczególnych miejscach (zakres 4000-2000 cm^{-1}).

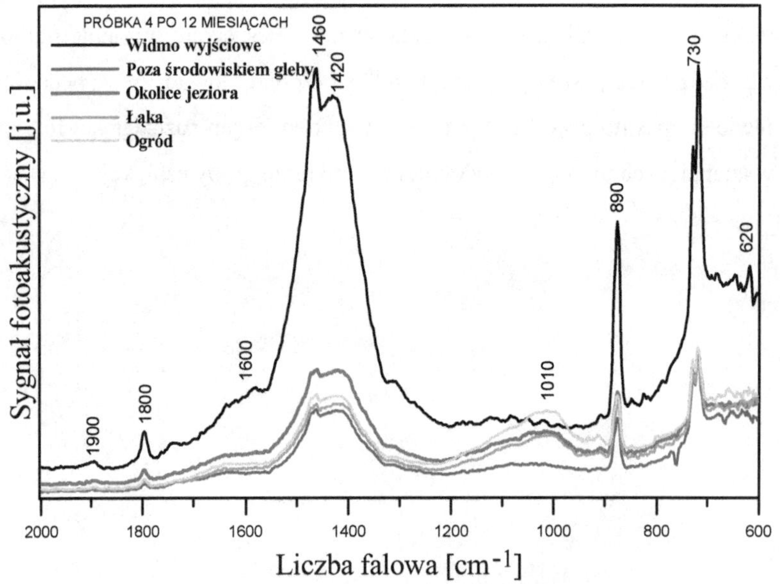

Rysunek 24. Widma FT-IR/PAS wyjściowego opakowania 4 oraz po 12 miesiącach przebywania w poszczególnych miejscach (zakres 2000-600 cm^{-1}).

Widmo opakowania 5 w zakresie 4000-200 cm^{-1} (Rysunek 25) także wykazuje różnice jedynie w intensywnościach. Wyjątkiem jest widmo materiału umieszczonego w glebie łąkowej, którego intensywność większości pików w tym zakresie praktycznie nie uległo zmianie w stosunku do widma początkowego. Pozostałe próbki umieszczone w innych miejscach wykazywały podobny spadek intensywności.

Tak jak w przypadku opakowania 4, na widmie FT-IR/PAS materiału 5 w zakresie 2000-600 cm^{-1} (Rysunek 26) pojawia się pasmo pochodzące od wiązań C-O (1150-950 cm^{-1}), nakładając się na małe piki przy liczbach falowych 1110 cm^{-1} i 1090 cm^{-1} (drgania rozciągające C-O grup estrowych). Materiał umieszczony w glebie łąkowej wykazywał największą intensywność pasma 1150-950 cm^{-1}, a przy tym najmniejszy spadek intensywności pików przy ok. 1470 cm^{-1} (drgania C-H). Najmniejszą intensywność pasm pochodzących od ugrupowań tlenowych wykazywała próbka, która była umieszczona poza środowiskiem gleby.

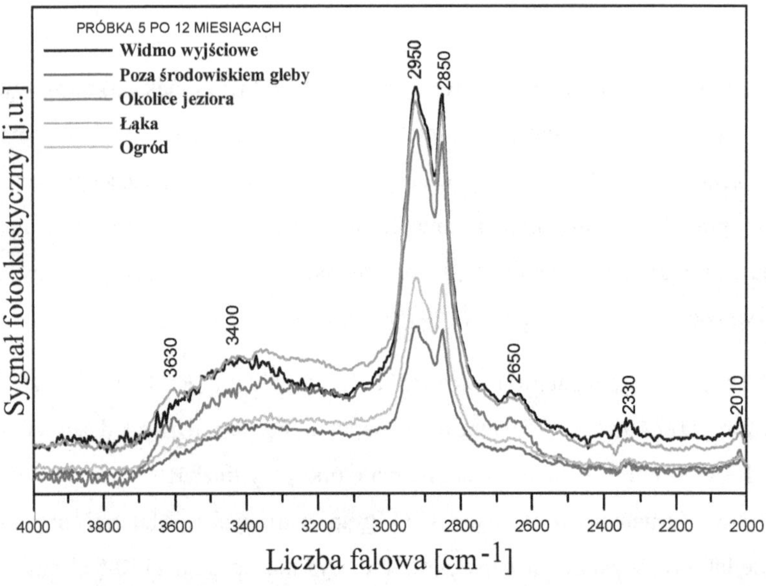

Rysunek 25. Widma FT-IR/PAS wyjściowego opakowania 5 oraz po 12 miesiącach przebywania w poszczególnych miejscach (zakres 4000-2000 cm^{-1}).

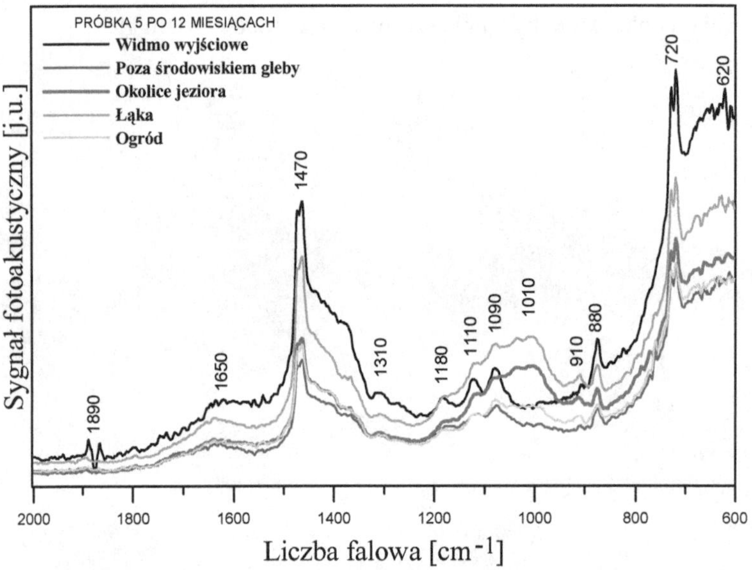

Rysunek 26. Widma FT-IR/PAS wyjściowego opakowania 5 oraz po 12 miesiącach przebywania w poszczególnych miejscach (zakres 2000-600 cm^{-1}).

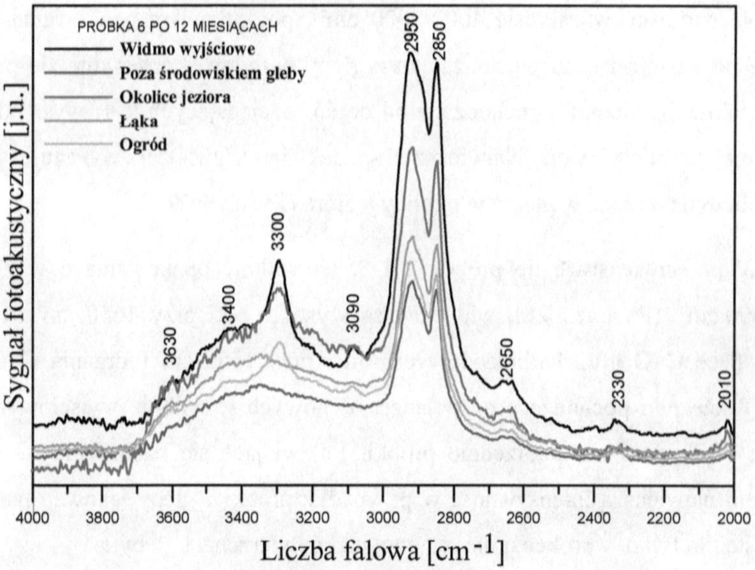

Rysunek 27. Widma FT-IR/PAS wyjściowego opakowania 6 oraz po 12 miesiącach przebywania w poszczególnych miejscach (zakres 4000-2000 cm^{-1}).

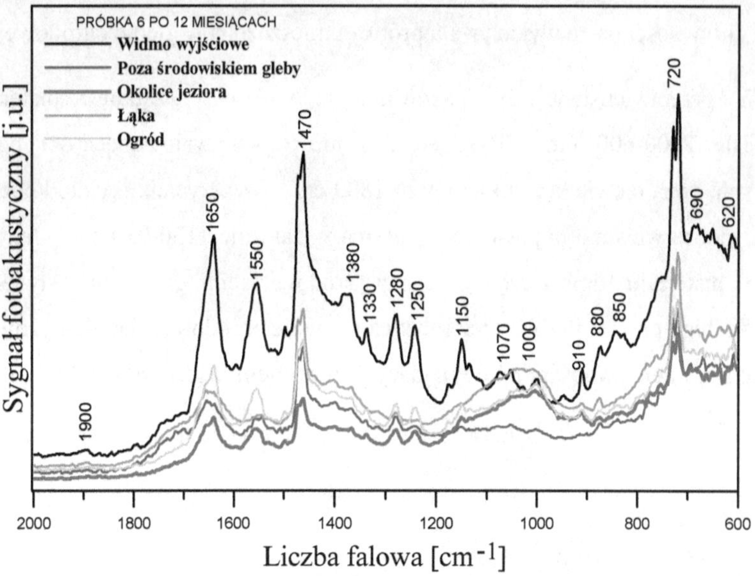

Rysunek 28. Widma FT-IR/PAS wyjściowego opakowania 6 oraz po 12 miesiącach przebywania w poszczególnych rodzajach gleb (zakres 2000-600 cm^{-1}).

Na widmach w zakresie 4000-2000 cm^{-1}, początkowym opakowania 6 oraz widmie po 12 miesiącach pochodzącym z gleby ogrodowej obserwuje się pik przy liczbie falowej 3300 cm^{-1}, pochodzący od drgań rozciągających O-H występujących w grupie karboksylowej. Największy spadek intensywności wykazuje próbka materiału umieszczona w glebie w okolicy jeziora (Rysunek 27).

W przeciwieństwie do próbek 4 i 5, na widmie opakowania 6 w zakresie 2000-600 cm^{-1} (Rysunek 28), widoczne są wysokie piki przy 1650 cm^{-1} (drgania rozciągające C=O grup karboksylowych) oraz przy 1550 cm^{-1}(drgania C=C bądź C-O). Także piki pochodzące od połączeń tlenowych w widmie wyjściowym były węższe i silniejsze niż poprzednie próbki. Pojawiające się pasmo 1150-950 cm^{-1} osiągnęło największą intensywność w przypadku próbki z gleby łąkowej, natomiast nie wystąpiło tylko w próbce umieszczonej nad powierzchnią gleby.

Rysunek 29 przedstawia widma w zakresie 4000-2000 cm^{-1} opakowania 7. Również w tym przypadku zmianie ulega jedynie intensywność pików. Największy spadek aktywności pasm wykazywała próbka umieszczona w glebie ogrodowej.

W przeciwieństwie do opakowania 6, widmo początkowe materiału 7 w zakresie 2000-600 cm^{-1} (Rysunek 30) nie wykazywało obecności połączeń tlenowych, poza niewielkim pikiem przy 1800 cm^{-1}. W przypadku widm końcowych próbek zaobserwowano pojawienie się pasma w zakresie 1150-950 cm^{-1}. Jedynie na widmie materiału umieszczonego poza środowiskiem gleby nie stwierdzono obecności tego pasma. Próbka umieszczona w glebie ogrodowej charakteryzowała się najmniejszą intensywnością pików będących wynikiem drgań wiązań zarówno C-H, jak też C-O.

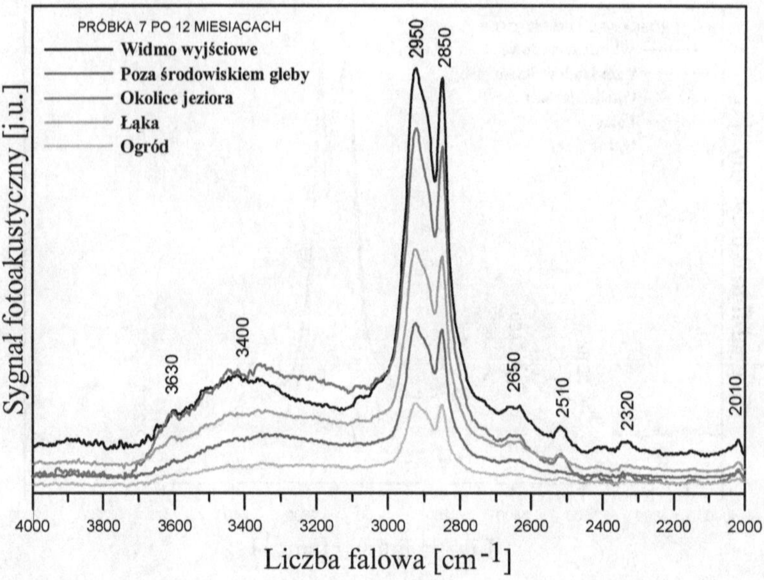

Rysunek 29. Widma FT-IR/PAS wyjściowego opakowania 7 oraz po 12 miesiącach przebywania w poszczególnych miejscach (zakres 4000-2000 cm^{-1}).

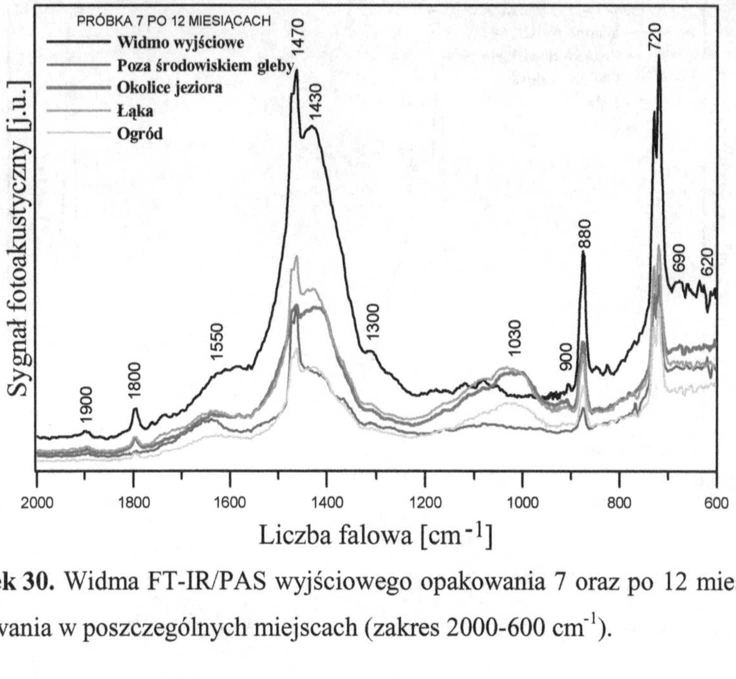

Rysunek 30. Widma FT-IR/PAS wyjściowego opakowania 7 oraz po 12 miesiącach przebywania w poszczególnych miejscach (zakres 2000-600 cm^{-1}).

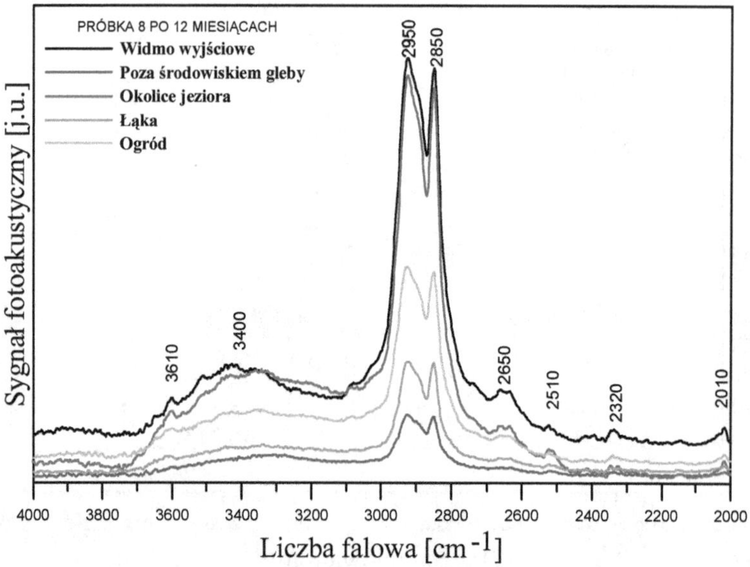

Rysunek 31. Widma FT-IR/PAS wyjściowego opakowania 8 oraz po 12 miesiącach przebywania w poszczególnych miejscach (zakres 4000-2000 cm^{-1}).

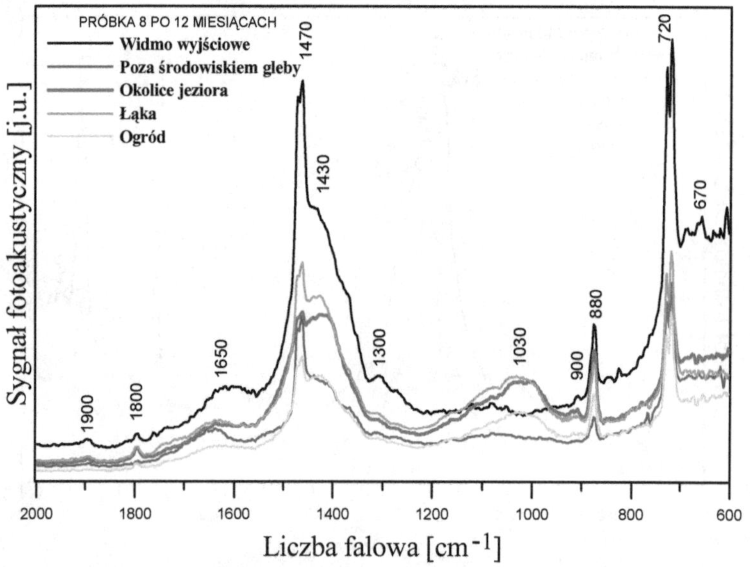

Rysunek 32. Widma FT-IR/PAS wyjściowego opakowania 8 oraz po 12 miesiącach przebywania w poszczególnych miejscach (zakres 2000-600 cm^{-1}).

Widma FT-IR/PAS folii w zakresie 4000-2000 cm^{-1} (Rysunek 31) wykazują zmiany głównie w obszarze intensywności. Największy spadek intensywności pików w tym zakresie liczb falowych charakteryzował próbkę umieszczoną nad powierzchnią gleby.

Także w zakresie 2000-600 cm^{-1} materiał umieszczony poza środowiskiem gleby wykazywał najniższą intensywność pików, jak również brak pasma w zakresie 1150-950 cm^{-1} (Rysunek 32). Najwyższa intensywność pasma pochodzącego od połączeń tlenowych charakteryzowała widmo próbki z gleby łąkowej.

Istotnych zmian, nawet w intensywności, nie zaobserwowano na widmach w zakresie 4000-2000 cm^{-1} opakowania 9 (Rysunek 33). Najniższą intensywność pasm w tym obszarze wykazywał materiał z gleby ogrodowej.

Wyraźniejsze zmiany zauważalne są w zakresie niższych liczb falowych (Rysunek 34). Na widmach wszystkich folii pojawia się pasmo pochodzące od połączeń tlenowych i uzyskało ono najmniejszą intensywność w przypadku materiału umieszczonego nad powierzchnią gleby. Próbka ta wykazywała także najmniejszy spadek intensywności pików pochodzących od wiązań C-H. Widma końcowe pozostałych próbek były niemal identyczne. Największy spadek intensywności charakteryzował pasma przy liczbach falowych ok. 1630 cm^{-1} (wiązania C=O grup karboksylowych), 1380 cm^{-1} (drgania zginające symetryczne –CH) oraz zakres 880-800 cm^{-1} (drgania C-O w strukturach eterowych).

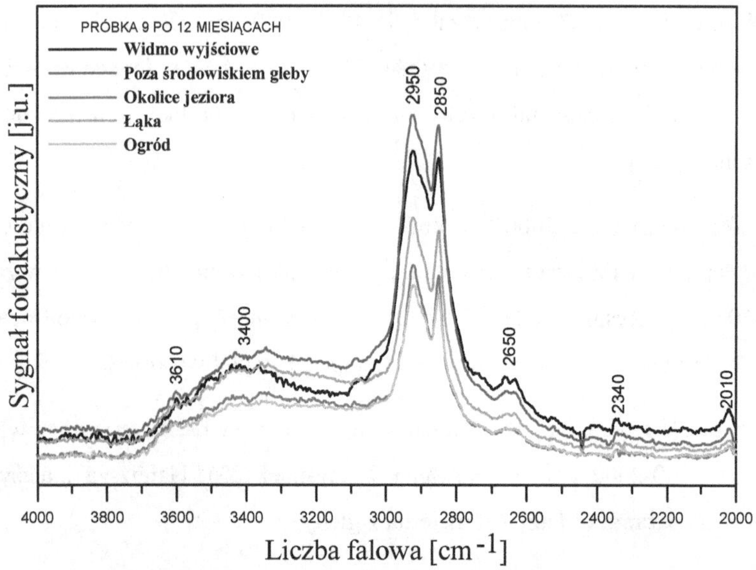

Rysunek 33. Widma FT-IR/PAS wyjściowego opakowania 9 oraz po 12 miesiącach przebywania w poszczególnych rodzajach gleb (zakres 4000-2000 cm^{-1}).

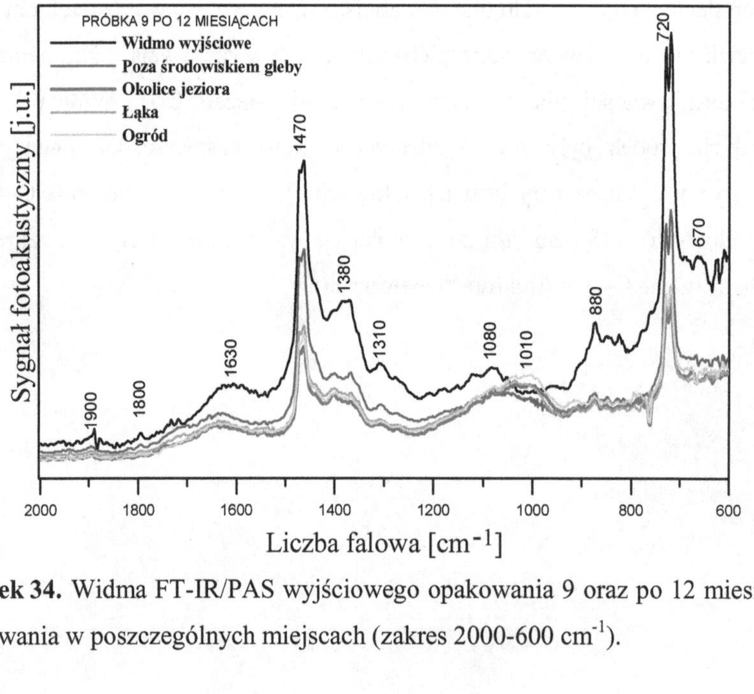

Rysunek 34. Widma FT-IR/PAS wyjściowego opakowania 9 oraz po 12 miesiącach przebywania w poszczególnych miejscach (zakres 2000-600 cm^{-1}).

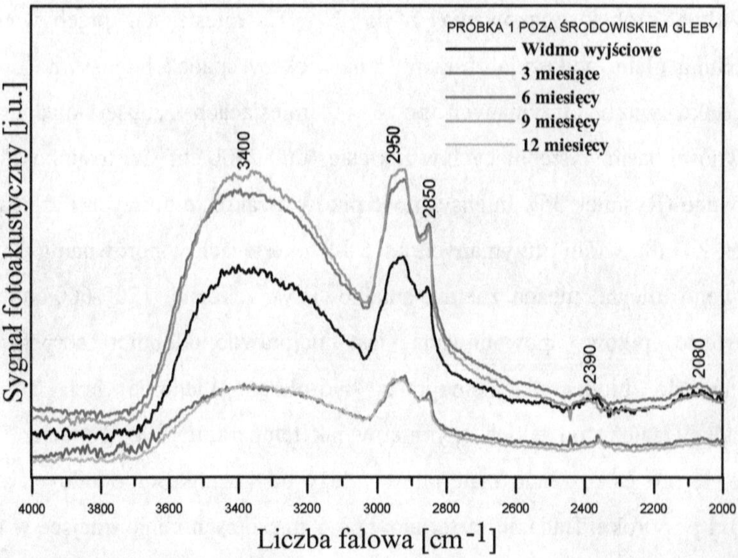

Rysunek 35. Widma FT-IR/PAS wyjściowego opakowania 1 oraz po 3, 6, 9 i 12 miesiącach przebywania nad powierzchnią gleby (zakres 4000-2000 cm^{-1}).

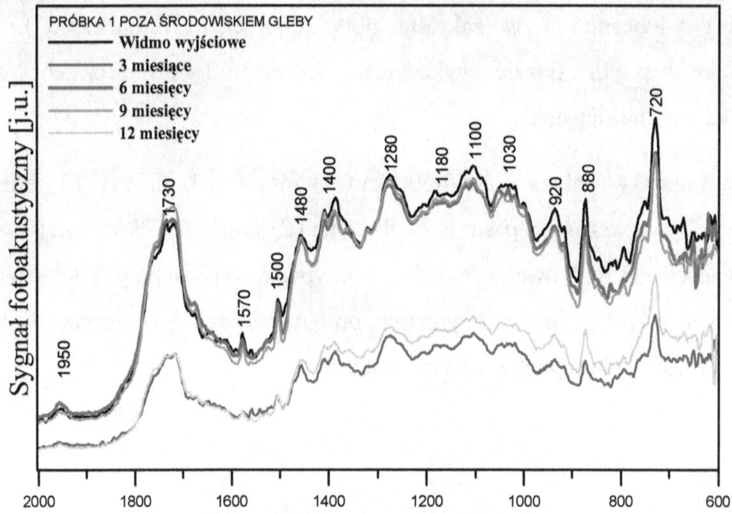

Rysunek 36. Widma FT-IR/PAS wyjściowego opakowania 1 oraz po 3, 6, 9 i 12 miesiącach przebywania nad powierzchnią gleby (zakres 2000-600 cm^{-1}).

Widma próbek opakowania 1 po 3 i 12 miesiącach przebywania nad powierzchnią gleby wykazują zbliżony i największy spadek intensywności pików. W przypadku widm otrzymanych po 6 i 9 miesiącach zaobserwowano wzrost intensywności pasm występujących w zakresie 4000-2000 cm^{-1} w stosunku do widma wyjściowego (Rysunek 35). Intensywność pików z zakresie niższych liczb falowych (Rysunek 36) dla widm otrzymanych po 6 i 9 miesiącach w porównaniu do widma wyjściowego uległa nieznacznemu spadkowi w zakresie 1200-600 cm^{-1}. Duża intensywność pików spowodowana jest najprawdopodobniej sorpcją wody, niezbędnej do biodegradacji poprzez hydrolizę. Wiadome jest, że postęp biodegradacji zależy od takich czynników jak temperatura i wilgotność. Fakt ten sugeruje, iż proces rozkładu materiałów zależy od warunków pogodowych, a tym samym od pory roku. Badanie materiałów po 6 miesiącach miało miejsce w grudniu 2011 r., zaś po 9 w marcu 2012 r.

Największe różnice intensywności dla opakowania 1 umieszczonego w glebie ogrodowej widoczne są w zakresie 4000-2000 cm^{-1} (Rysunek 37). Wzrost intensywności w tym zakresie wykazywały widma po 3 i 6 miesiącach. Najniższą zaś próbka po 9 miesiącach.

Natomiast w zakresie 2000-600 cm^{-1} widm po 3, 6, 9 i 12 miesiącach, intensywności większości z pasm były zbliżone (Rysunek 38). Wyraźniejszą różnicę intensywności zaobserwowano jedynie w przypadku pasma przy 1740 cm^{-1}, gdzie intensywność piku na widmie otrzymanym po 6 miesiącach była nieznacznie większa od intensywności widm po 3, 9 i 12 miesiącach.

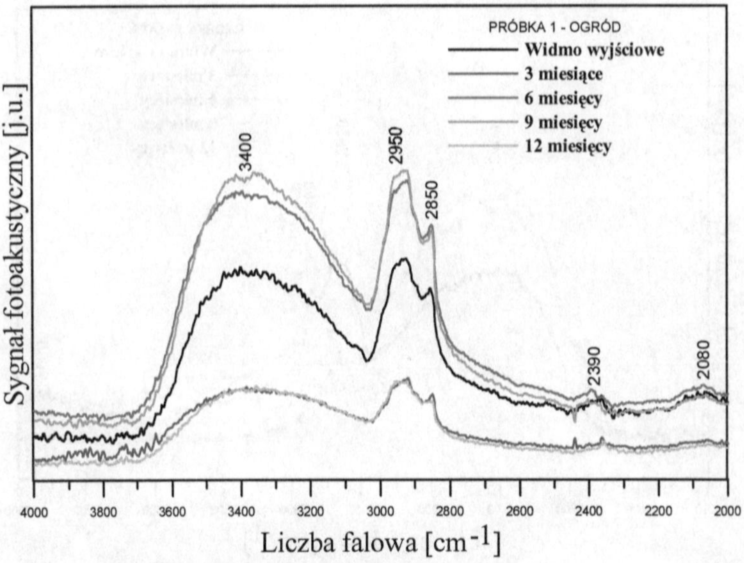

Rysunek 37. Widma FT-IR/PAS wyjściowego opakowania 1 oraz po 3, 6, 9 i 12 miesiącach przebywania w glebie ogrodowej (zakres 4000-2000 cm^{-1}).

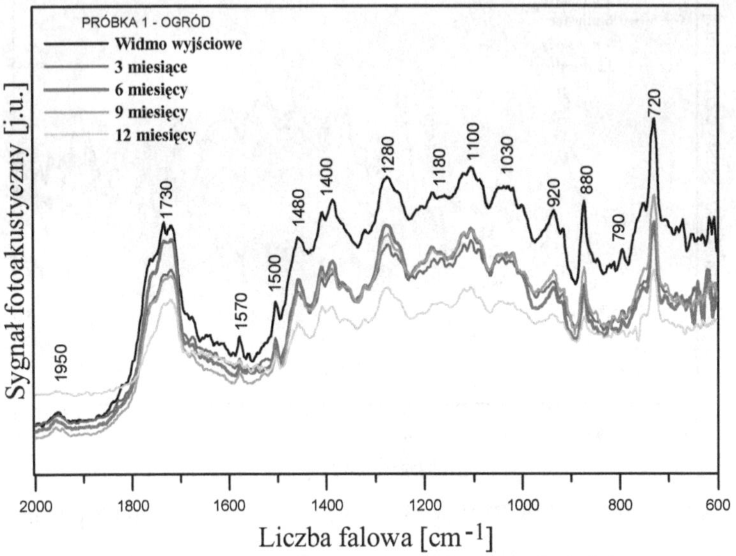

Rysunek 38. Widma FT-IR/PAS wyjściowego opakowania 1 oraz po 3, 6, 9 i 12 miesiącach przebywania w glebie ogrodowej (zakres 2000-600 cm^{-1}).

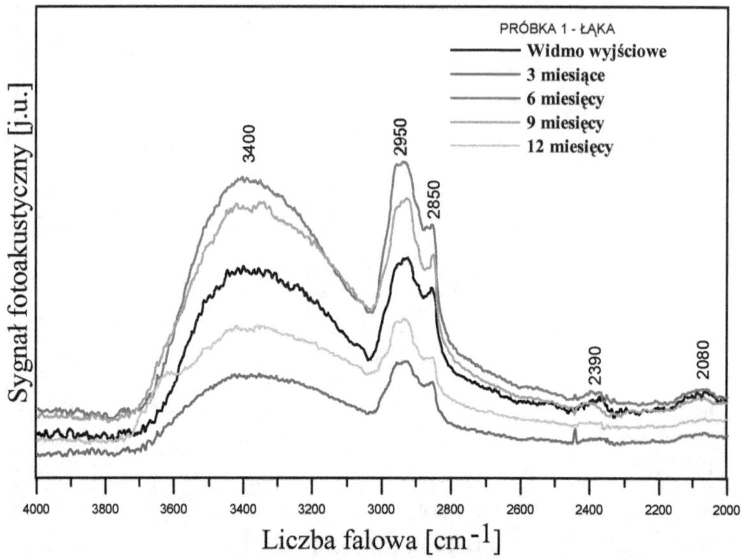

Rysunek 39. Widma FT-IR/PAS wyjściowego opakowania 1 oraz po 3, 6, 9 i 12 miesiącach przebywania w glebie łąkowej (zakres 4000-2000 cm^{-1}).

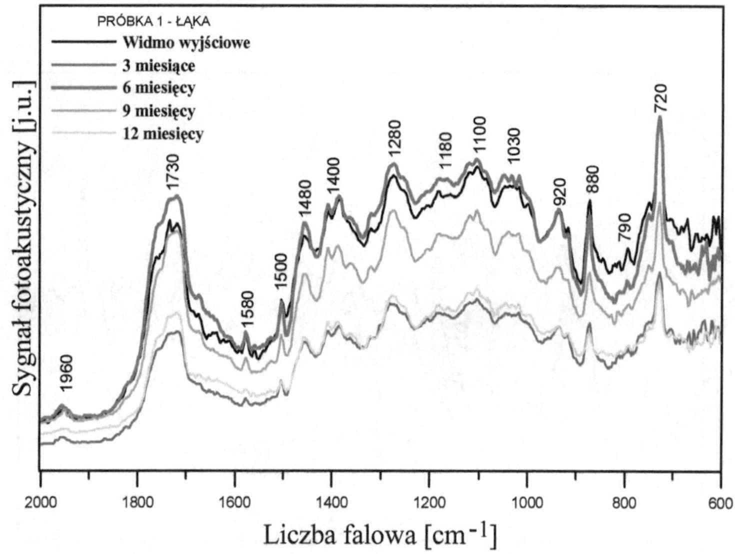

Rysunek 40. Widma FT-IR/PAS wyjściowego opakowania 1 oraz po 3, 6, 9 i 12 miesiącach przebywania w glebie łąkowej (zakres 2000-600 cm^{-1}).

Tak jak w przypadku próbki umieszczonej nad powierzchnią gleby, najmniejszą intensywność pasm opakowania 1 umieszczonego w glebie łąkowej, wykazywały widma otrzymane po 3 i 12 miesiącach, zarówno w zakresie 4000-2000 cm^{-1} (Rysunek 39), jak i 2000-600 cm^{-1} (Rysunek 40). Także dla tego miejsca, piki widm otrzymanych po 6 i 9 miesiącach były wyższe w stosunku do widma wyjściowego. W zakresie wyższych liczb falowych, dopiero na widmie otrzymanym po 12 miesiącach możliwe było zaobserwowanie pojawienie się niewielkiego piku przy ok. 3630 cm^{-1}.

W zakresie niższych liczb falowych największą intensywnością pików, m.in. przy 1730 cm^{-1}, charakteryzowało się widmo otrzymane po 6 miesiącach.

Widma FT-IR/PAS opakowania 1, które umieszczono w glebie w pobliżu jeziora, wykazywały stopniowy spadek intensywności pasm z czasem. W zakresie 4000-2000 cm^{-1} (Rysunek 41), piki widoczne na widmie otrzymanym po 6 miesiącach wykazywały podobną intensywność. Większa różnica wysokości pasm widoczna jest w zakresie 2000-600 cm^{-1} (Rysunek 42). Na widmie po 12 miesiącach obserwuje się prawie całkowity zanik pików w zakresie 1200-900 cm^{-1} pochodzących od połączeń C-O i O-H. Widmo to wykazuje największy spadek intensywności w całym zakresie 4000-600 cm^{-1}. Także w tym przypadku zaobserwowano pojawienie się piku przy ok. 3610 cm^{-1}.

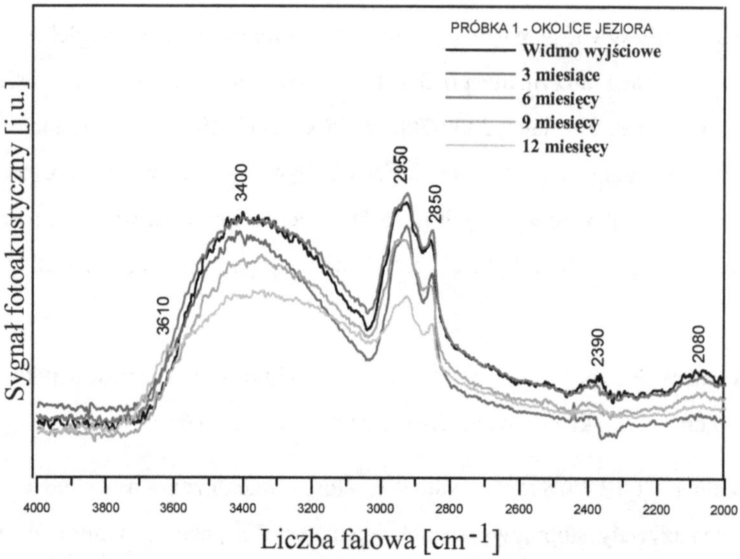

Rysunek 41. Widma FT-IR/PAS wyjściowego opakowania 1 oraz po 3, 6, 9 i 12 miesiącach przebywania w glebie w pobliżu jeziora (zakres 4000-2000 cm^{-1}).

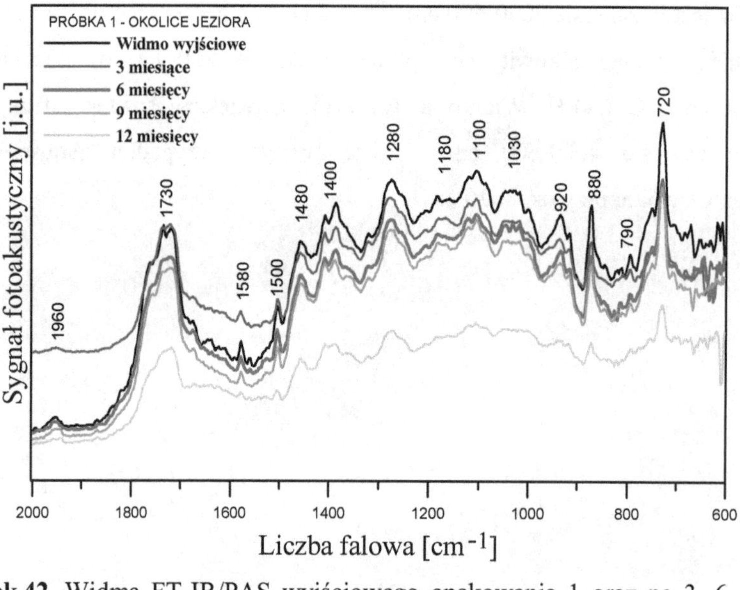

Rysunek 42. Widma FT-IR/PAS wyjściowego opakowania 1 oraz po 3, 6, 9 i 12 miesiącach przebywania w glebie w pobliżu jeziora (zakres 2000-600 cm^{-1}).

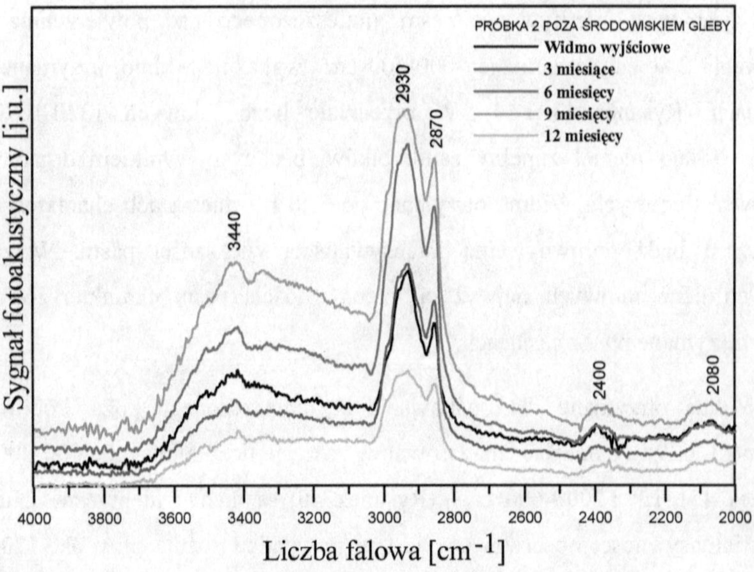

Rysunek 43. Widma FT-IR/PAS wyjściowego opakowania 2 oraz po 3, 6, 9 i 12 miesiącach przebywania nad powierzchnią gleby (zakres 4000-2000 cm^{-1}).

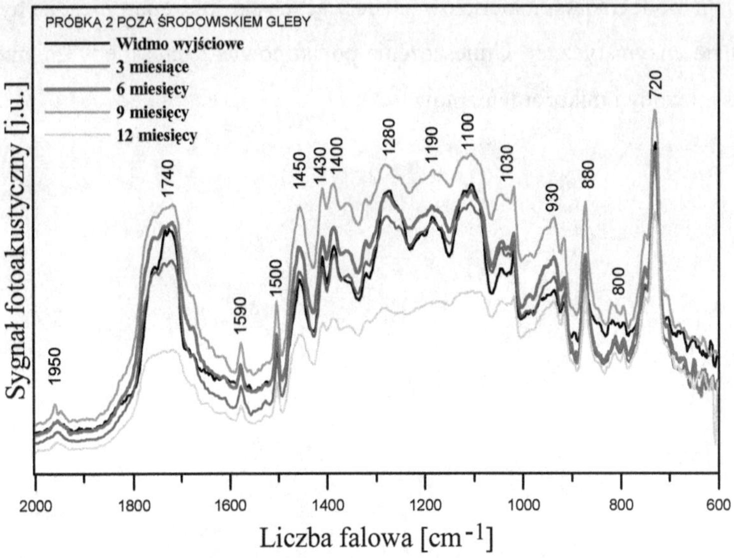

Rysunek 44. Widma FT-IR/PAS wyjściowego opakowania 2 oraz po 3, 6, 9 i 12 miesiącach przebywania nad powierzchnią gleby (zakres 2000-600 cm^{-1}).

Najmniejszą intensywność pasm, umieszczonego nad powierzchnią gleby, opakowania 2 w całym zakresie 4000-600 cm^{-1} wykazuje widmo otrzymane po 12 miesiącach (Rysunki 43 i 44). W przedziale liczb falowych 1320-1070 cm^{-1} zaobserwowano niemal zupełny zanik pików, będących wynikiem drgań wiązań ugrupowań tlenowych. Widma otrzymane po 3, 6 i 9 miesiącach charakteryzowały się wyższą bądź porównywalną intensywnością większości pasm. W zakresie wyższych liczb falowych najwyższą intensywnością pasm charakteryzowało się widmo otrzymane po 9 miesiącach.

Widma otrzymane dla opakowania 3, umieszczonego poza środowiskiem gleby, po 3, 6, 9 i 12 miesiącach, zarówno w zakresie liczb falowych 4000-2000 cm^{-1} (Rysunek 45), jak i 2000-600 cm^{-1} (Rysunek 46) są niemal identyczne. Niewielki spadek intensywności obserwowany jest w przypadku pasma przy ok. 1730 cm^{-1} (drgania wiązań C=O). Świadczy to o tym, iż proces biodegradacji nie został rozpoczęty, na co wpłynęło umiejscowienie próbki. Fakt ten potwierdza, że mechanizm biodegradacji materiałów zawierających skrobię, oparty jest na hydrolizie i hydrolizie enzymatycznej. Umieszczenie ponad powierzchnią gleby uniemożliwiło stały dostęp wody i mikroorganizmów.

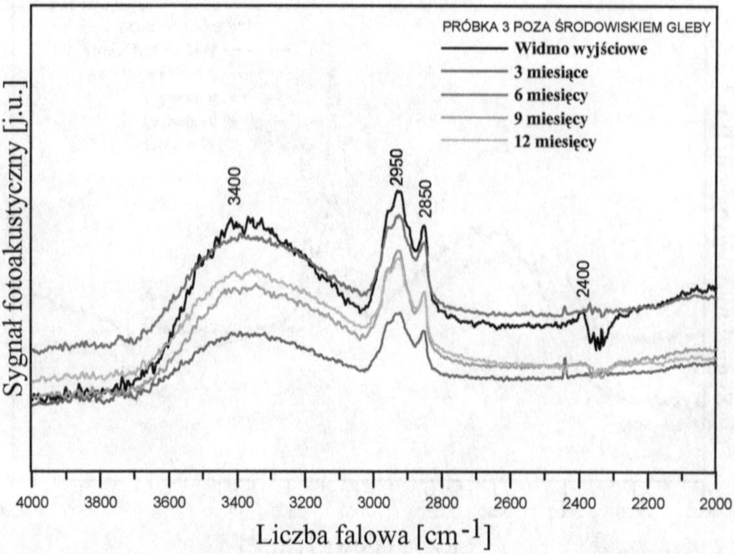

Rysunek 45. Widma FT-IR/PAS wyjściowego opakowania 3 oraz po 3, 6, 9 i 12 miesiącach przebywania nad powierzchnią gleby (zakres 4000-2000 cm^{-1}).

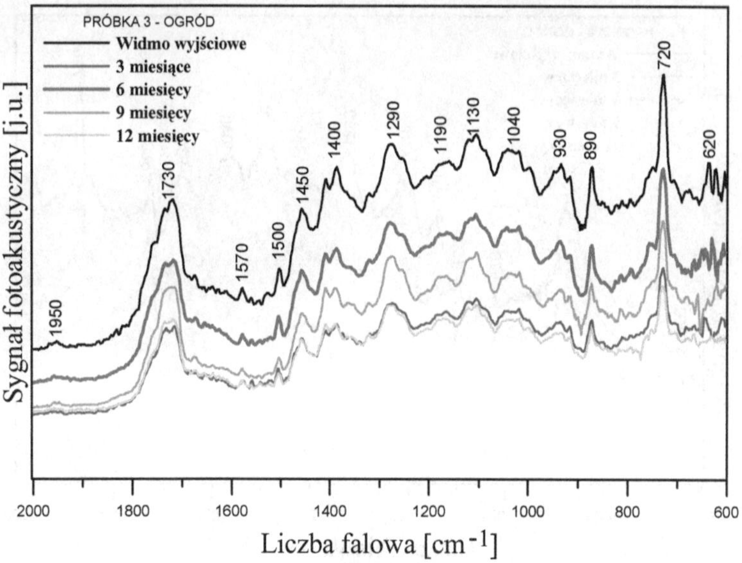

Rysunek 46. Widma FT-IR/PAS wyjściowego opakowania 3 oraz po 3, 6, 9 i 12 miesiącach przebywania nad powierzchnią gleby (zakres 2000- 600 cm^{-1}).

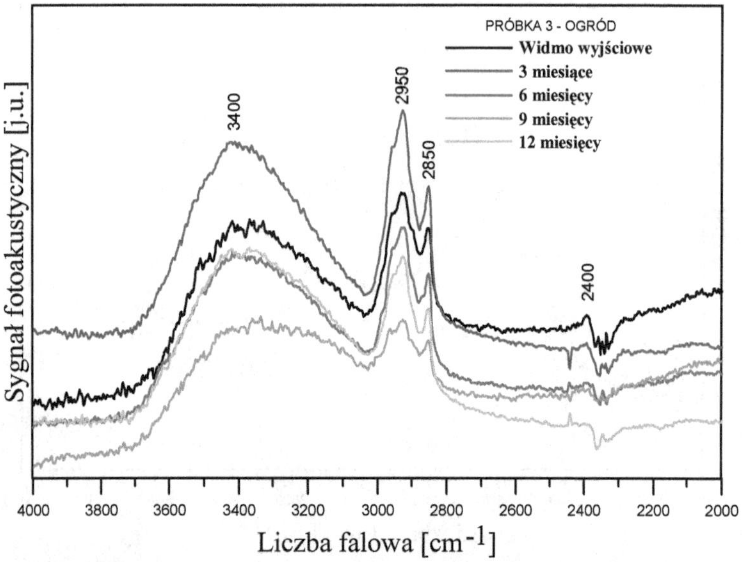

Rysunek 47. Widma FT-IR/PAS wyjściowego opakowania 3 oraz po 3, 6, 9 i 12 miesiącach przebywania w glebie ogrodowej (zakres 4000-2000 cm^{-1}).

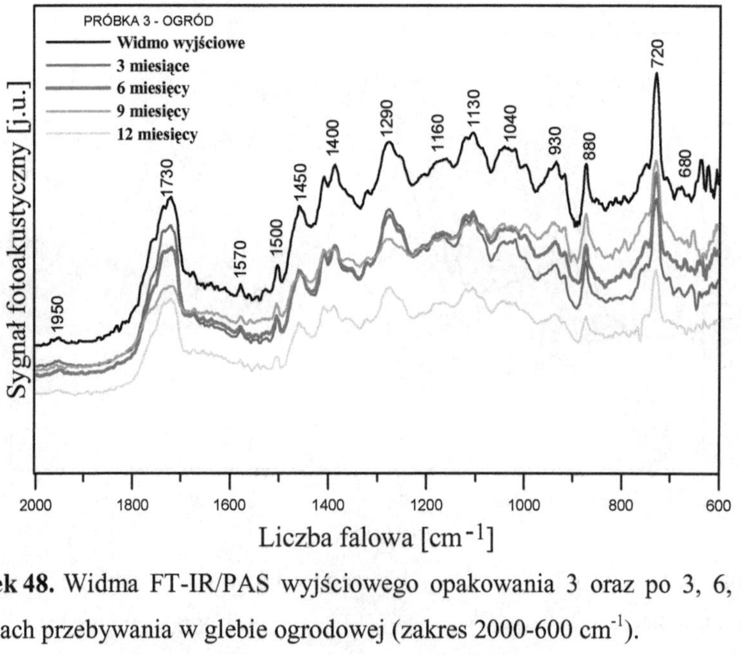

Rysunek 48. Widma FT-IR/PAS wyjściowego opakowania 3 oraz po 3, 6, 9 i 12 miesiącach przebywania w glebie ogrodowej (zakres 2000-600 cm^{-1}).

Inaczej przedstawiały się widma FT-IR/PAS opakowania 3 (Rysunki 47 i 48), które umieszczono w glebie ogrodowej. Najwięcej różnic, nie tylko w stosunku do widma wyjściowego, ile też widm pochodzących z innych okresów, zaobserwowano dla próbki przebywającej w glebie 9 miesięcy. Widmo tej próbki wykazywało największe zmiany intensywności pików względem siebie. Pasmami tymi były zarówno te, świadczące o obecności połączeń tlenowych, np. przy 1270 cm^{-1}, jak również pochodzące od grup –CH (przy 2930 cm^{-1}). W zakresie 4000-200 cm^{-1} największą intensywność pasm pochodzących zarówno od grup –OH jak i –CH wykazywało widmo materiału przebywającego w glebie 3 miesiące. W zakresie niższych liczb falowych najniższą intensywność pasm wykazywała próbka najdłużej przebywająca w glebie.

W przypadku widm opakowania 4 w zakresie 4000-2000 cm^{-1} (Rysunek 49) poza znacznym spadkiem intensywności, obserwuje się zanik pasm przy 2650 cm^{-1} i 2510 cm^{-1}.

W zakresie 2000-600 cm^{-1} (Rysunek 50) obserwuje się znaczny spadek intensywności pasma przy ok. 1450 cm^{-1} (drgania grup –CH), jak też pojawienie się szerokiego pasma 1150-950 cm^{-1} już na widmie otrzymanym po 3 miesiącach. Największą intensywność osiągnęło po 6 miesiącach, po czym nastąpił spadek intensywności, w rezultacie zanikając w przypadku widma po 12 miesiącach.

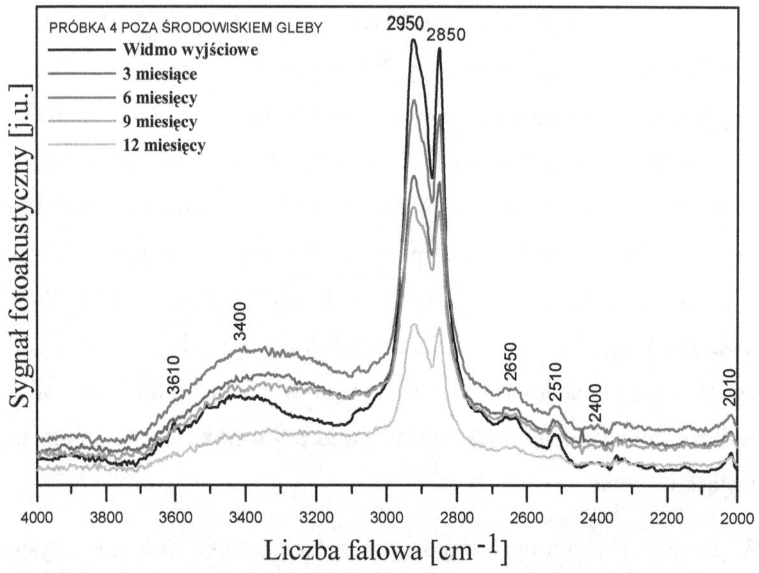

Rysunek 49. Widma FT-IR/PAS wyjściowego opakowania 4 oraz po 3, 6, 9 i 12 miesiącach przebywania nad powierzchnią gleby (zakres 4000-2000 cm^{-1}).

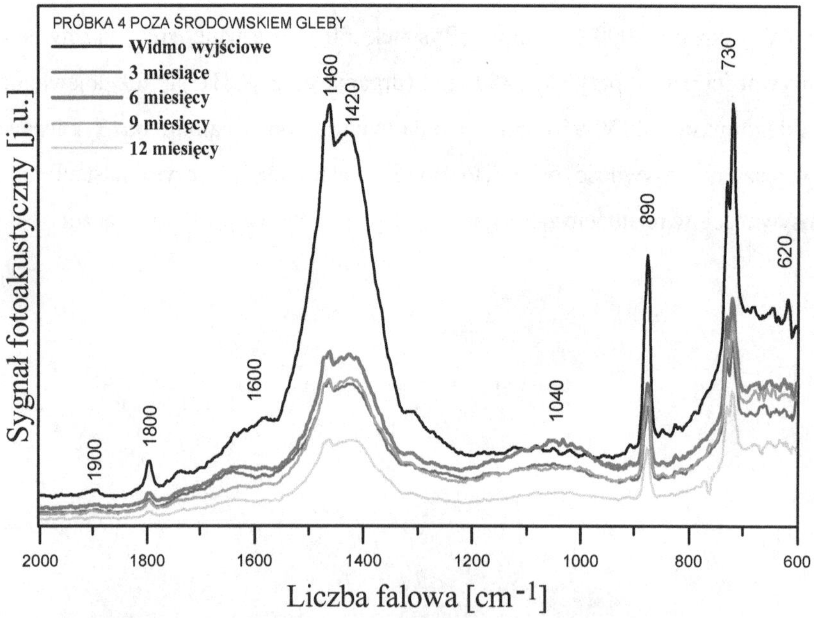

Rysunek 50. Widma FT-IR/PAS wyjściowego opakowania 4 oraz po 3, 6, 9 i 12 miesiącach przebywania nad powierzchnią gleby (zakres 2000-600 cm^{-1}).

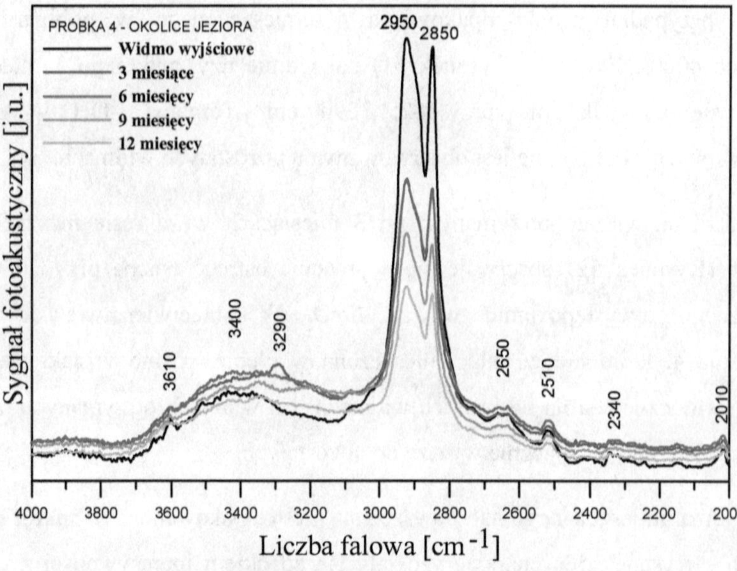

Rysunek 51. Widma FT-IR/PAS wyjściowego opakowania 4 oraz po 3, 6, 9 i 12 miesiącach przebywania w glebie w pobliżu jeziora (zakres 4000-2000 cm^{-1}).

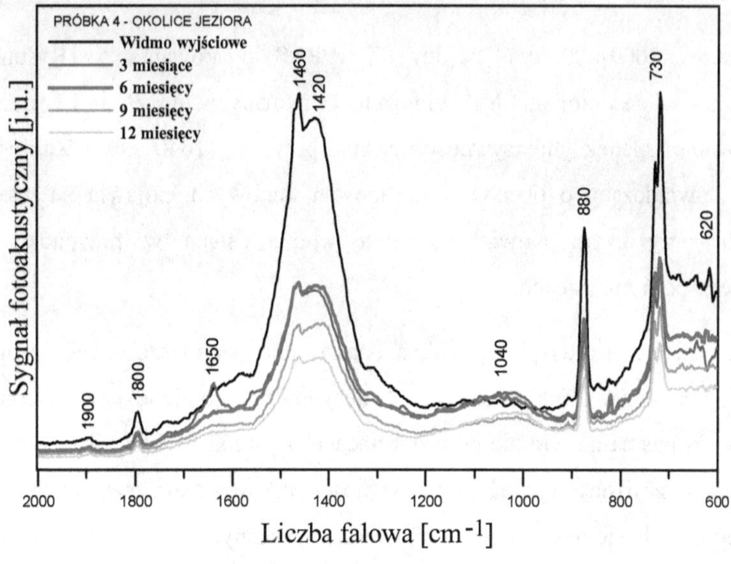

Rysunek 52. Widma FT-IR/PAS wyjściowego opakowania 4 oraz po 3, 6, 9 i 12 miesiącach przebywania w glebie w pobliżu jeziora (zakres 2000-600 cm^{-1}).

W przypadku próbki opakowania 4 umieszczonego w pobliżu jeziora w zakresie 4000-2000 cm^{-1} (Rysunek 51) na widmie uzyskanym po 3 miesiącach pojawia się niewielki pik przy ok. 3290 cm^{-1} (drgania –OH w grupach karboksylowych). Pik ten nie jest obserwowany na pozostałych widmach.

Także na widmie otrzymanym po 3 miesiącach w zakresie niższych liczb falowych (Rysunek 52) obserwuje się pojawienie ostrego pasma przy 1650 cm^{-1}, świadczącego o występowaniu wiązań C=O. W przeciwieństwie do próbki opakowania 4, która nie została umieszczona w glebie, pasmo w zakresie 1150-950 cm^{-1} widoczne jest na wszystkich widmach. Na widmach otrzymanych po 3 i 6 miesiącach jest ono nieznacznie wyższe od pozostałych.

Widma umieszczonego nad powszechną gleby opakowania 5 w zakresie 4000-2000 cm^{-1} (Rysunek 53) charakteryzowały się spadkiem intensywności z czasem. Największą intensywność wykazywały pasma na widmie uzyskanych po 3 miesiącach.

Zakres 2000-600 cm^{-1} widm FT-IR/PAS opakowania 5 (Rysunek 54) uwidacznia więcej zmian. Na widmach otrzymanych po 9 i 12 miesiącach obserwowano spadek intensywności pasma przy ok. 1640 cm^{-1}. Zakres 1150-950 cm^{-1}, świadczący o obecności ugrupowań tlenowych, pojawia na wszystkich widmach, przy czym największą intensywność osiąga w przypadku widma uzyskanego po 6 miesiącach.

Inaczej przedstawiają się widma opakowania 5 umieszczonego w ogrodzie. W całym zakresie 4000-600 cm^{-1} zdecydowanie największą intensywność wykazywały pasma na widmie po 6 miesiącach (Rysunki 55 i 56). Pozostałe widma wykazywały zbliżony spadek intensywności pików. Najniższą intensywnością charakteryzowały się pasma obecne na widmie uzyskanym po 12 miesiącach. Widmo otrzymane po 6 miesiącach nie tylko ujawniło intensywne pasmo przy 1030 cm^{-1}, ale także charakteryzowało się duża intensywnością piku przy ok.1640 cm^{-1}.

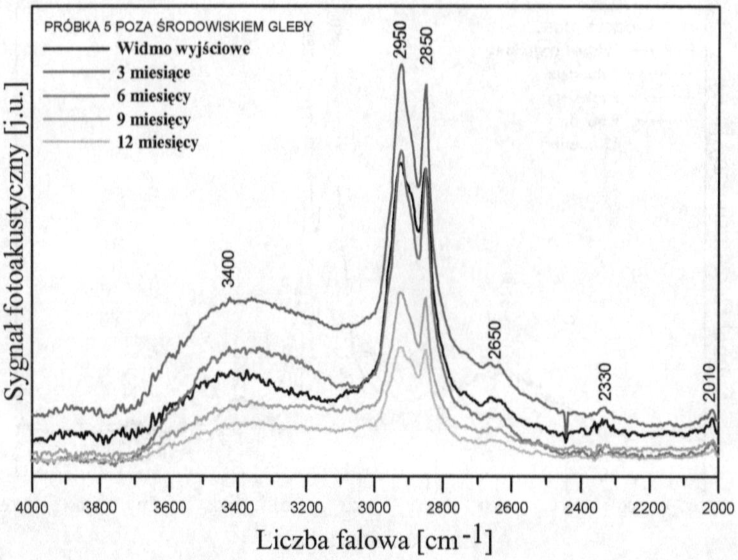

Rysunek 53. Widma FT-IR/PAS wyjściowego opakowania 5 oraz po 3, 6, 9 i 12 miesiącach przebywania nad powierzchnią gleby (zakres 4000-2000 cm^{-1}).

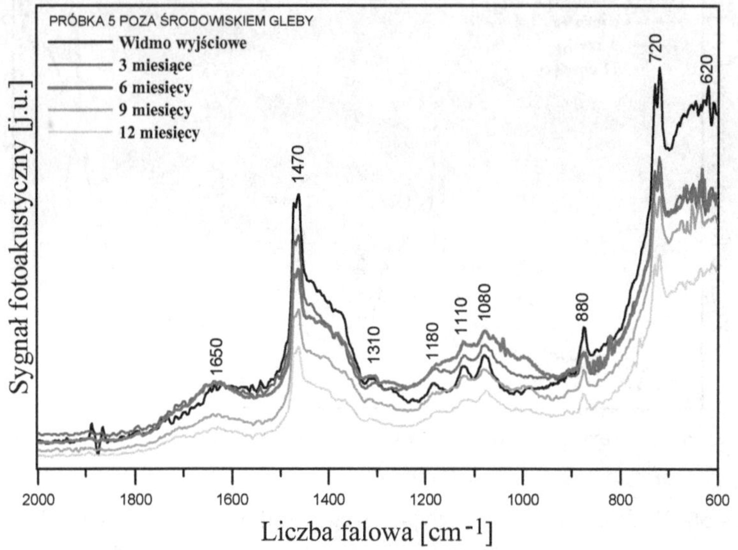

Rysunek 54. Widma FT-IR/PAS wyjściowego opakowania 5 oraz po 3, 6, 9 i 12 miesiącach przebywania nad powierzchnią gleby (zakres 2000-600 cm^{-1}).

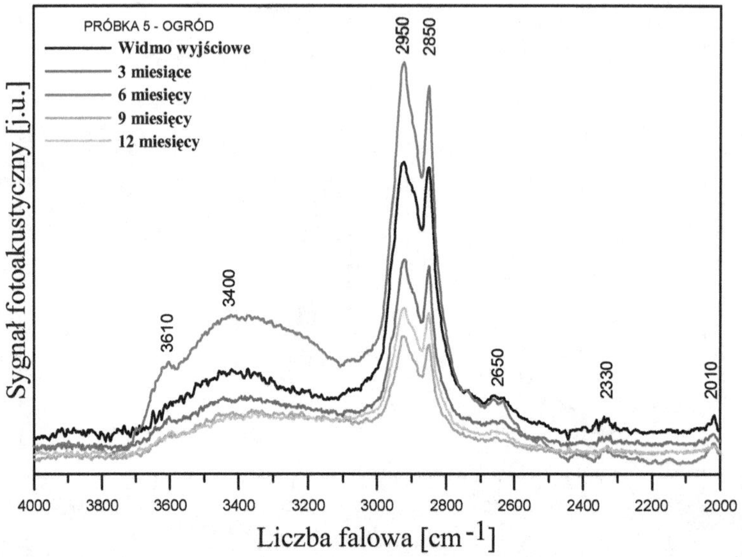

Rysunek 55. Widma FT-IR/PAS wyjściowego opakowania 5 oraz po 3, 6, 9 i 12 miesiącach przebywania w glebie ogrodowej (zakres 4000-2000 cm^{-1}).

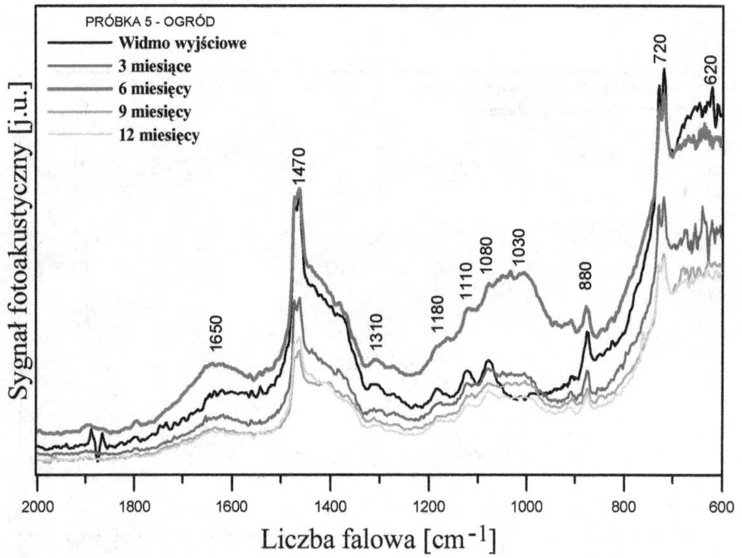

Rysunek 56. Widma FT-IR/PAS wyjściowego opakowania 5 oraz po 3, 6, 9 i 12 miesiącach przebywania w glebie ogrodowej (zakres 2000-600 cm^{-1}).

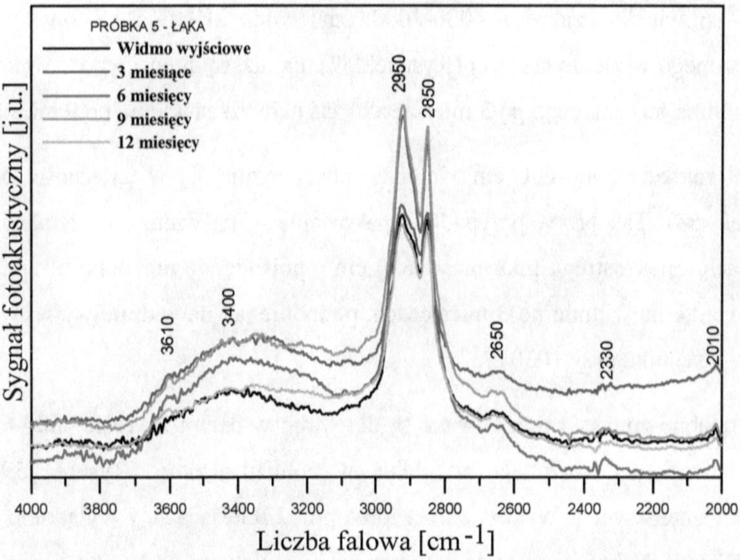

Rysunek 57. Widma FT-IR/PAS wyjściowego opakowania 5 oraz po 3, 6, 9 i 12 miesiącach przebywania w glebie łąkowej (zakres 4000-2000 cm^{-1}).

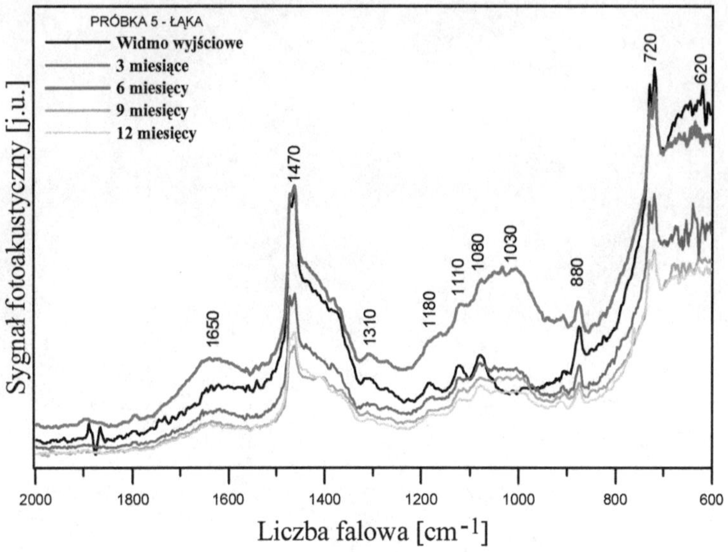

Rysunek 58. Widma FT-IR/PAS wyjściowego opakowania 5 oraz po 3, 6, 9 i 12 miesiącach przebywania w glebie łąkowej (zakres 2000-600 cm^{-1}).

W przypadku zakresu 4000-2000 cm^{-1} widm FT-IR/PAS opakowania 5 umieszczonego w glebie łąkowej (Rysunek 57), najniższą intensywność wykazywały pasma widma otrzymanego po 3 miesiącach, zaś najwyższa widma po 9 miesiącach.

W zakresie 2000-600 cm^{-1} intensywności różnią się w zależności od pasm (Rysunek 58). Tak jak w przypadku opakowania 4, na widmie otrzymanym po 3 miesiącach, obok ostrego piku przy 1650 cm^{-1}, pojawia się niewielki pik przy 1550 cm^{-1}. Ponadto na widmie po 3 miesiącach, podobnie jak na widmie wyjściowym nie obserwuje się piku przy 1030 cm^{-1}.

Podobne zmiany obserwowane są dla widm w całym zakresie 4000-600 cm^{-1} opakowania 5 umieszczonego w glebie w pobliżu jeziora (Rysunki 59 i 60). Najniższą intensywność wykazywało widmo po 12 miesiącach, z wyjątkiem zakresu 1100-950 cm^{-1}. Najmniejsze zmiany w tym zakresie dotyczą widma po 3 miesiącach.

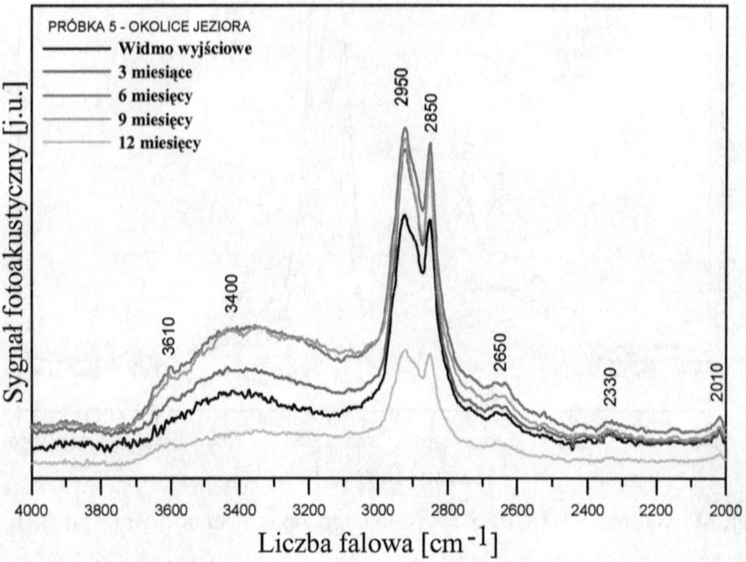

Rysunek 59. Widma FT-IR/PAS wyjściowego opakowania 5 oraz po 3, 6, 9 i 12 miesiącach przebywania w glebie w pobliżu jeziora (zakres 4000-2000 cm^{-1}).

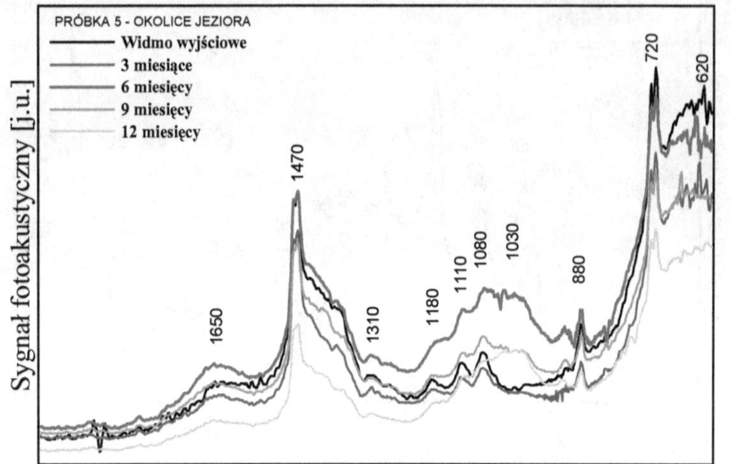

Rysunek 60. Widma FT-IR/PAS wyjściowego opakowania 5 oraz po 3, 6, 9 i 12 miesiącach przebywania w glebie w pobliżu jeziora (zakres 2000-600 cm^{-1}).

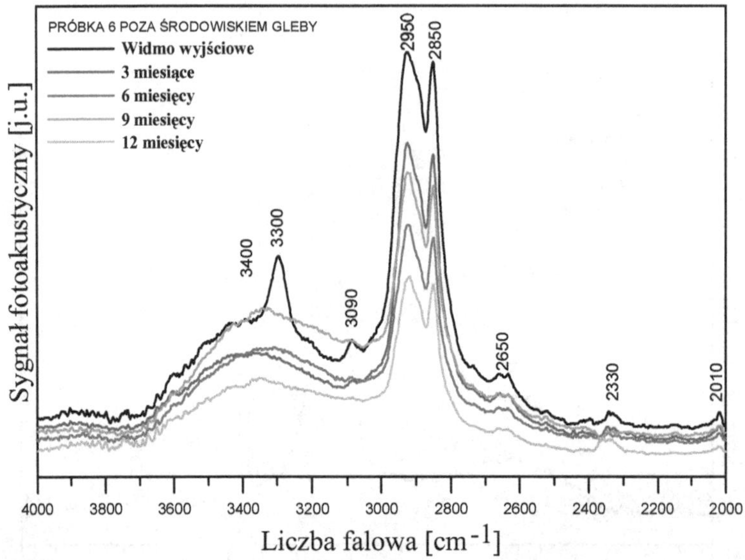

Rysunek 61. Widma FT-IR/PAS wyjściowego opakowania 6 oraz po 3, 6, 9 i 12 miesiącach przebywania nad powierzchnią gleby (zakres 4000-2000 cm^{-1}).

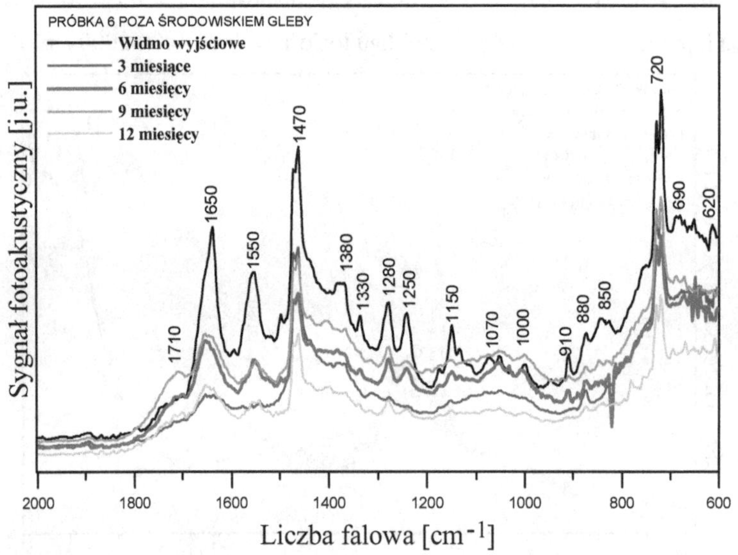

Rysunek 62. Widma FT-IR/PAS wyjściowego opakowania 6 oraz po 3, 6, 9 i 12 miesiącach przebywania nad powierzchnią gleby (zakres 2000-600 cm^{-1}).

Jak w większości wypadków, także dla próbki umieszczonej poza środowiskiem gleby opakowania 6, najniższą intensywnością charakteryzowało się widmo otrzymane po 12 miesiącach. W zakresie 4000-2000 cm^{-1} (Rysunek 61) obserwuje się, poza nieznacznym spadkiem intensywności, także zanik piku przy 3300 cm^{-1} (drgania –OH w strukturze grup karboksylowych).

Na wszystkich widmach opakowania 6 w zakresie 2000-600 cm^{-1} (Rysunek 62) obserwuje się pojawienie się pasma pochodzącego od różnych połączeń tlenowych (1150-950 cm^{-1}). Jest ono najwyższe dla widma uzyskanego po 9 miesiącach. Także dla tego widma widoczne jest pojawienie się piku przy 1710 cm^{-1}, wynik drgań wiązań C=O. Dla widm otrzymanych dla 3 i 12 miesięcy, można zauważyć prawie zupełny zanik pasm przy 1650 cm^{-1}, 1550 cm^{-1}, 1390 cm^{-1}, 1150 cm^{-1}, jak też przy ok. 830 cm^{-1} (drgania C-O w strukturach eterowych).

Dla próbki opakowania 6 umieszczonego w glebie ogrodowej, w zakresie 4000-2000 cm^{-1} (Rysunek 63), tak samo jak w zakresie niższych liczb falowych (Rysunek 64) dostrzegalne zmiany są niewielkie. Poza zmianami intensywności, widoczne jest jedynie pojawienie się pasma w zakresie 1150-950 cm^{-1} i zanik niewielkiego piku przy ok 840 cm^{-1}. Największa intensywność wykazywało widmo otrzymane po 9 miesiącach.

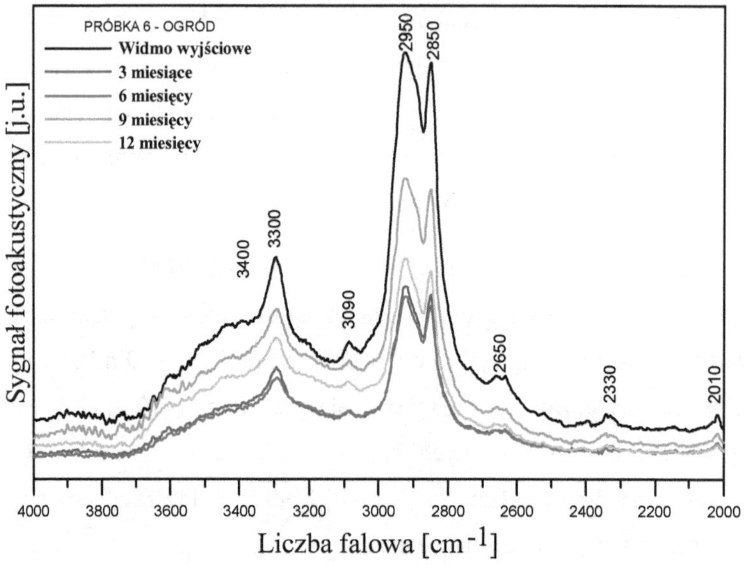

Rysunek 63. Widma FT-IR/PAS wyjściowego opakowania 6 oraz po 3, 6, 9 i 12 miesiącach przebywania w glebie ogrodowej (zakres 4000-2000 cm^{-1}).

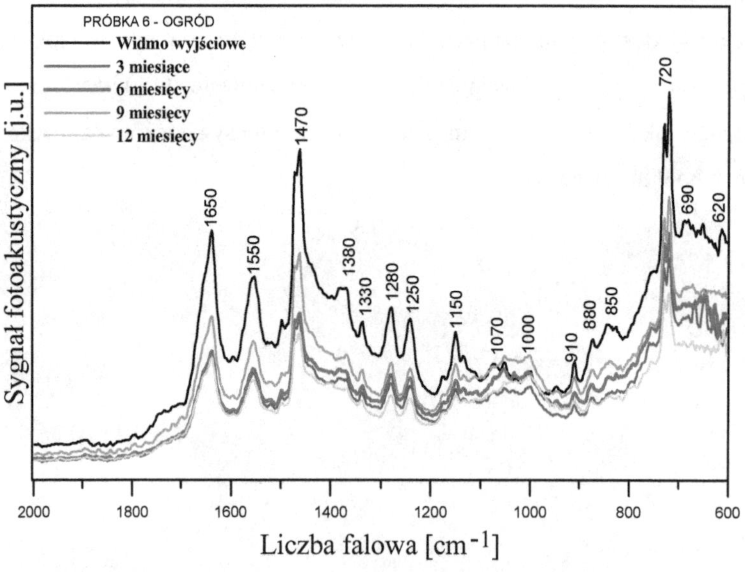

Rysunek 64. Widma FT-IR/PAS wyjściowego opakowania 6 oraz po 3, 6, 9 i 12 miesiącach przebywania w glebie ogrodowej (zakres 2000-600 cm^{-1}).

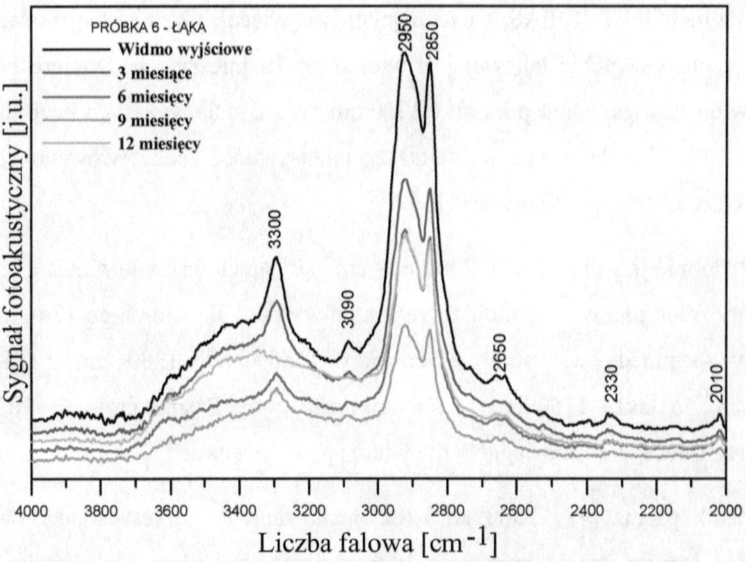

Rysunek 65. Widma FT-IR/PAS wyjściowego opakowania 6 oraz po 3, 6, 9 i 12 miesiącach przebywania w glebie łąkowej (zakres 4000-2000 cm^{-1}).

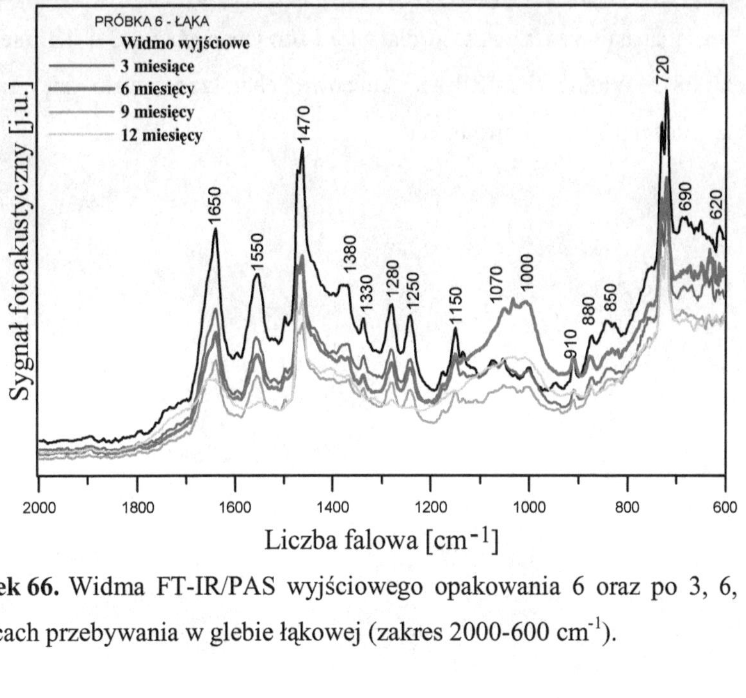

Rysunek 66. Widma FT-IR/PAS wyjściowego opakowania 6 oraz po 3, 6, 9 i 12 miesiącach przebywania w glebie łąkowej (zakres 2000-600 cm^{-1}).

Widmem FT-IR/PAS, ukazującym najwięcej zamian opakowania 6 umieszczonego w glebie łąkowej jest widmo po 12 miesiącach. Dopiero po takim czasie widoczny jest zanik piku przy 3300 cm^{-1} w zakresie wyższych liczb falowych (Rysunek 65). Dla tego zakresu najniższą intensywność zaobserwowano dla pasm widma otrzymanego po 9 miesiącach.

Podobnie jest dla zakresu 2000-600 cm^{-1} (Rysunek 66), z tą różnicą, iż prawie całkowity zanik pików w tym obszarze jest największy dla widma po 12 miesiącach. Dotyczy to przede wszystkim pasm przy 1550 cm^{-1}, 1380 cm^{-1}, 1280 cm^{-1} i 1240 cm^{-1}, a także 1150 cm^{-1} i przy ok. 830 cm^{-1}. Pasmo przy ok. 1030 cm^{-1} najwyższą intensywność osiągnęło dla widma po 6 miesiącach.

Zanik pasma przy 3300 cm^{-1} dla opakowania 6, umieszczonego w glebie w okolicy jeziora, miało miejsce także dopiero na widmie uzyskanym po 12 miesiącach (Rysunek 67). Widmo to osiągnęło także najwyższy spadek intensywności w całym przedstawianym zakresie. Powstały pik w zakresie 1150-950 cm^{-1} osiągał najwyższą wartość dla widm otrzymanych po 3 i 12 miesiącach (Rysunek 68). Widmo FT-IR/PAS końcowe charakteryzowało się zanikiem największej ilości pików w tym zakresie.

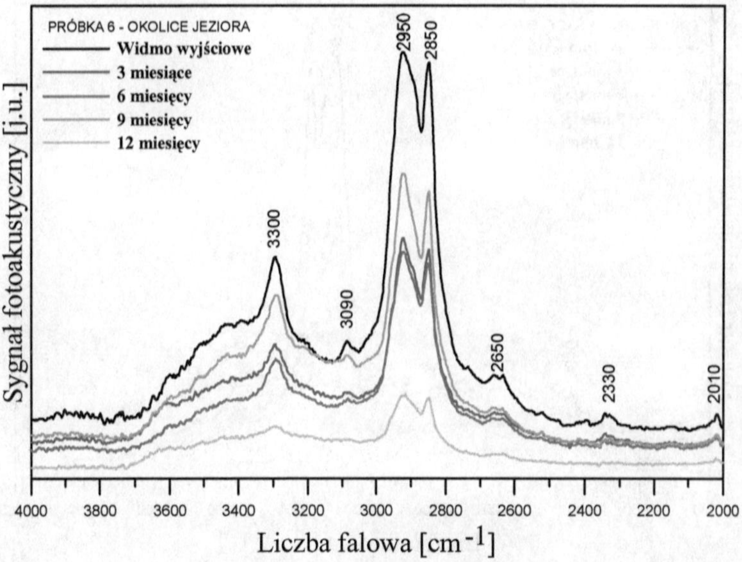

Rysunek 67. Widma FT-IR/PAS wyjściowego opakowania 6 oraz po 3, 6, 9 i 12 miesiącach przebywania w glebie w pobliżu jeziora (zakres 4000-2000 cm^{-1}).

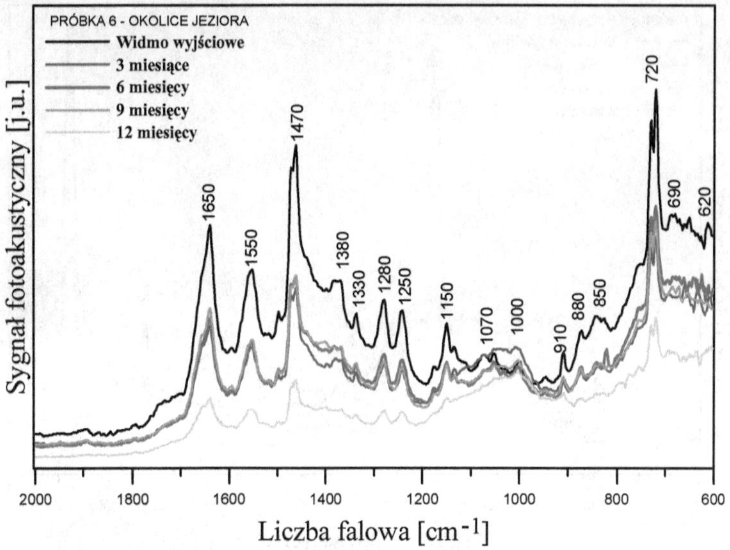

Rysunek 68. Widma FT-IR/PAS wyjściowego opakowania 6 oraz po 3, 6, 9 i 12 miesiącach przebywania w glebie w pobliżu jeziora (zakres 2000-600 cm^{-1}).

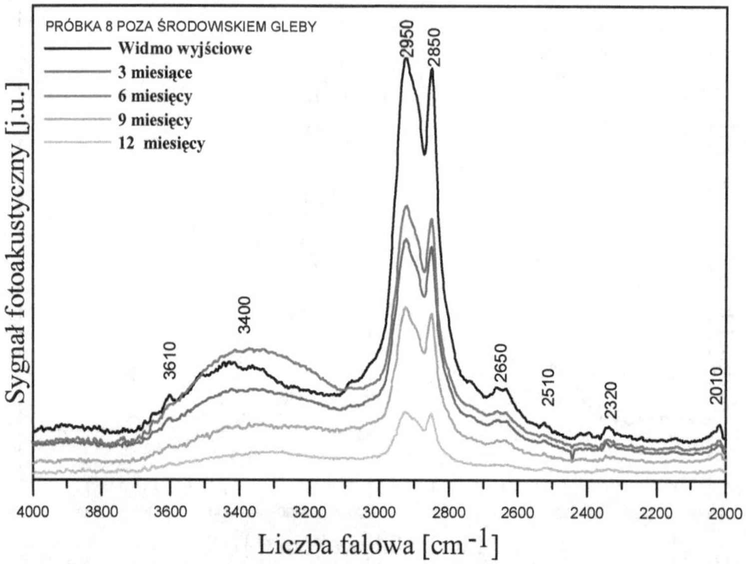

Rysunek 69. Widma FT-IR/PAS wyjściowego opakowania 8 oraz po 3, 6, 9 i 12 miesiącach przebywania nad powierzchnią gleby (zakres 4000-2000 cm^{-1}).

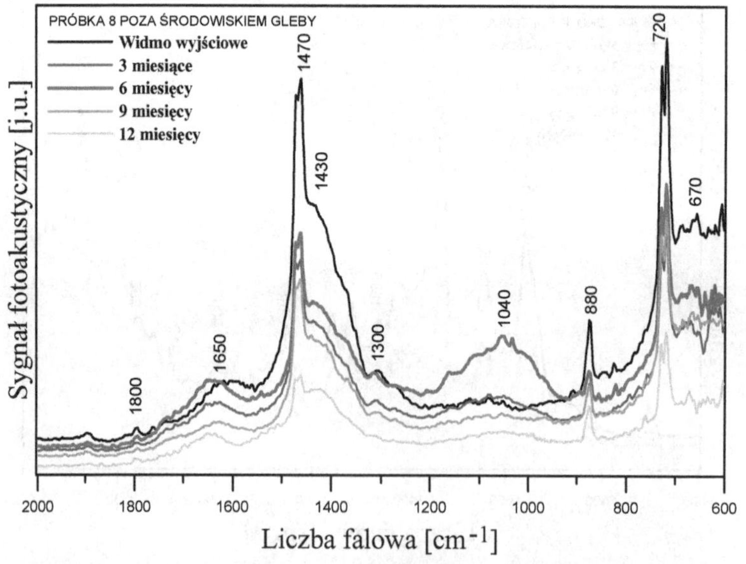

Rysunek 70. Widma FT-IR/PAS wyjściowego opakowania 8 oraz po 3, 6, 9 i 12 miesiącach przebywania nad powierzchnią gleby (zakres 2000-600 cm^{-1}).

Widma próbki opakowania 8, umieszczonej nad powierzchnią gleby, wykazywały spadek intensywności z czasem. Najwyższy spadek osiągnęło widmo uzyskane po 12 miesiącach. Zmiana wysokości pików w większym stopniu miała miejsce w zakresie liczb falowych 4000-2000 cm^{-1} (Rysunek 69). W zakresie 2000-600 cm^{-1} (Rysunek 70) obserwowane jest pojawienie się pasm w zakresie 1150-950 cm^{-1}. oraz nieznaczny wzrost intensywności pików przy 1650 cm^{-1}. Zmiany te najlepiej widoczne były dla widma po 6 miesiącach. Dla widm po 9 i 12 miesiącach pasmo pochodzące od ugrupowań tlenowych praktycznie zanika.

W przypadku próbki opakowania 8 przebywającej w glebie ogrodowej, intensywności widm otrzymanych po 3 i 12 miesiącach są zbliżone, w całym przedstawianym zakresie (Rysunki 71 i 72). Także dla tej próbki obserwowane jest pojawienie się pasma przy około 1020 cm^{-1}. Jednak w odróżnieniu od materiału przebywającego paza środowiskiem gleby, największą wysokością tego pasma charakteryzowało się widmo otrzymane po 9 miesiącach, zaś najmniejszą widmo po 3 miesiącach.

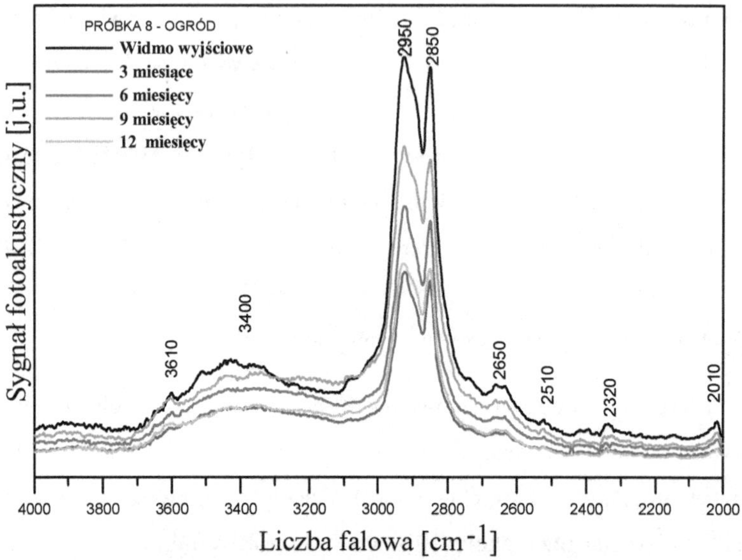

Rysunek 71. Widma FT-IR/PAS wyjściowego opakowania 8 oraz po 3, 6, 9 i 12 miesiącach przebywania w glebie ogrodowej (zakres 4000-2000 cm^{-1}).

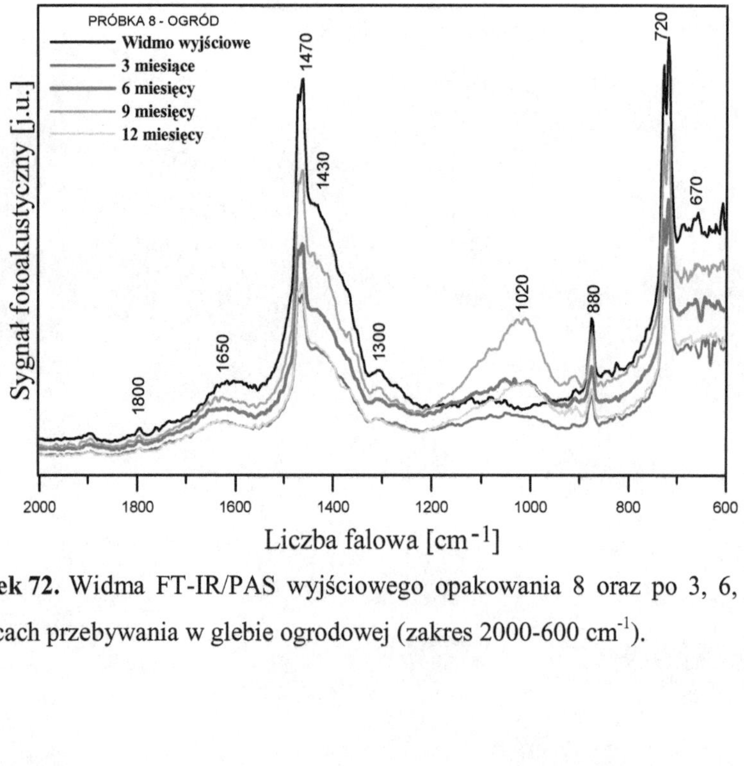

Rysunek 72. Widma FT-IR/PAS wyjściowego opakowania 8 oraz po 3, 6, 9 i 12 miesiącach przebywania w glebie ogrodowej (zakres 2000-600 cm^{-1}).

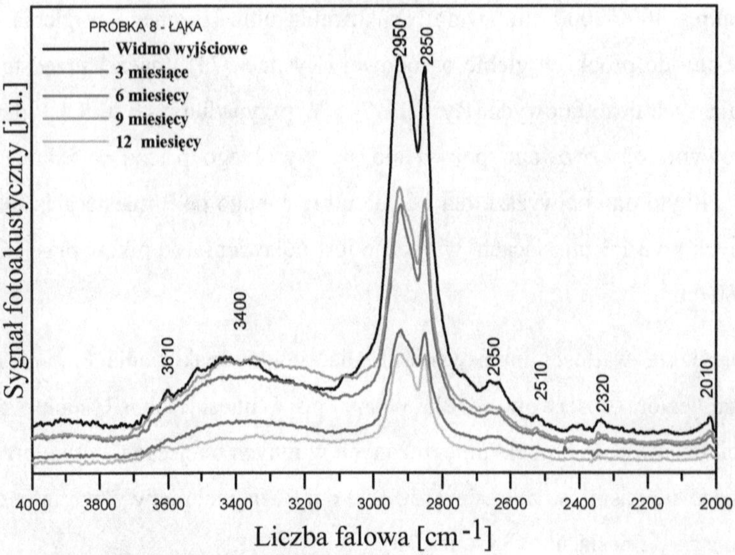

Rysunek 73. Widma FT-IR/PAS wyjściowego opakowania 8 oraz po 3, 6, 9 i 12 miesiącach przebywania w glebie łąkowej (zakres 4000-2000 cm^{-1}).

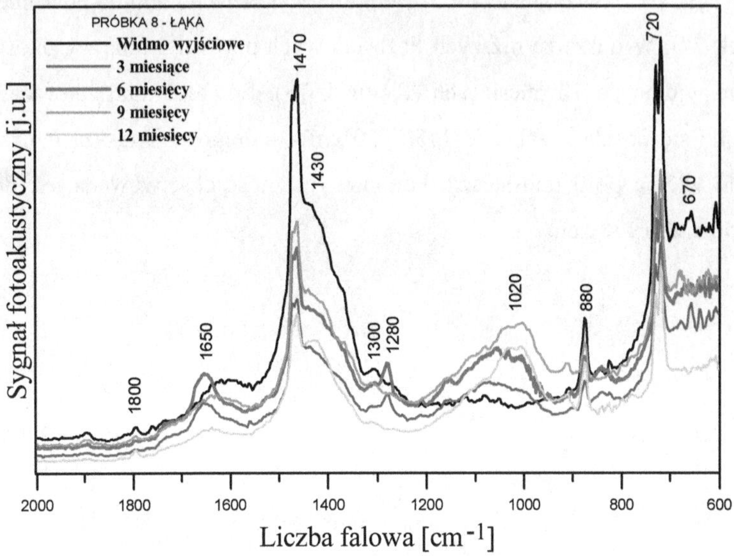

Rysunek 74. Widma FT-IR/PAS wyjściowego opakowania 8 oraz po 3, 6, 9 i 12 miesiącach przebywania w glebie łąkowej (zakres 2000-600 cm^{-1}).

Zakres 4000-2000 cm^{-1} widm opakowania umieszczonego w glebie łąkowej był podobny do próbki w glebie ogrodowej (Rysunek 73). Inaczej przedstawiał się zakres niższych liczb falowych (Rysunek 74). W przypadku wszystkich widma (poza początkowym) obserwowano pojawienie się wysokiego pasma w zakresie 1150-950 cm^{-1}, i było ono najwyższe dla widma otrzymanego po 9 miesiącach. Dla widm uzyskanych po 3 i 6 miesiącach, widoczne jest pojawienie się pików przy 1650 cm^{-1} oraz 1280 cm^{-1}.

Najniższe wartości intensywności, dla próbki opakowania 8, umieszczonej w pobliżu jeziora obserwowano dla widma po 6 miesiącach (Rysunki 75 i 76). W przeciwieństwie do próbek umieszczonych w innych miejscach, w tym przypadku, pojawiające się pasmo w zakresie 1150-950 cm^{-1} osiągnęło najwyższą intensywność dla widma po 3 miesiącach (Rysunek 76).

Dla opakowania 9 umieszczonego nad powierzchnia gleby, najniższa intensywność pasm w zakresie 4000-2000 cm^{-1} wykazywało widmo po 9 miesiącach (Rysunek 77). W obszarze niższych liczb falowych porównywalną wysokość pików osiągnęło widmo po 12 miesiącach (Rysunek 78). Również tutaj zauważalne było pojawienie się pasma z zakresie 1150-950 cm^{-1}, którego największą intensywność osiągnęło widmo po 3 miesiącach. Podobna zależność obserwowana jest dla pasm przy 1650 cm^{-1} i 1380 cm^{-1}.

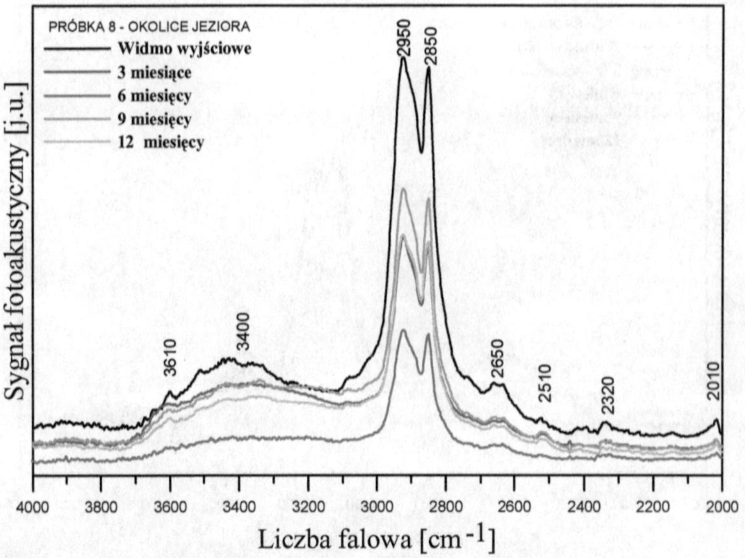

Rysunek 75. Widma FT-IR/PAS wyjściowego opakowania 8 oraz po 3, 6, 9 i 12 miesiącach przebywania w glebie w pobliżu jeziora (zakres 4000-2000 cm^{-1}).

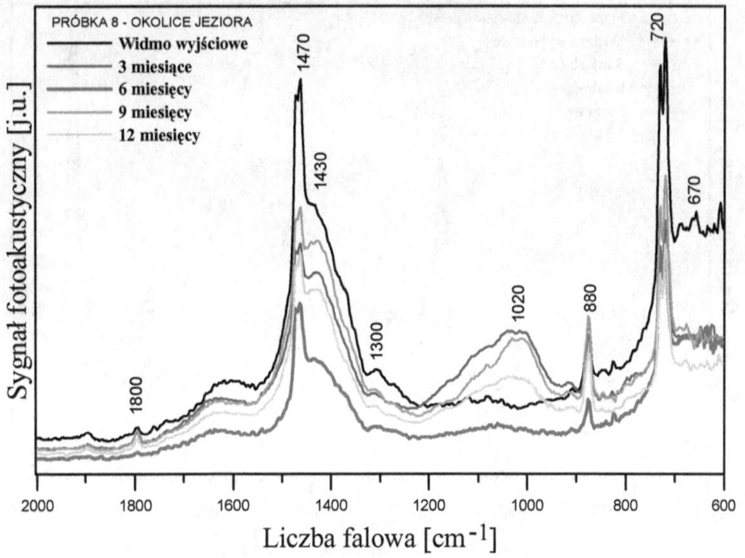

Rysunek 76. Widma FT-IR/PAS wyjściowego opakowania 8 oraz po 3, 6, 9 i 12 miesiącach przebywania w glebie w pobliżu jeziora (zakres 2000-600 cm^{-1}).

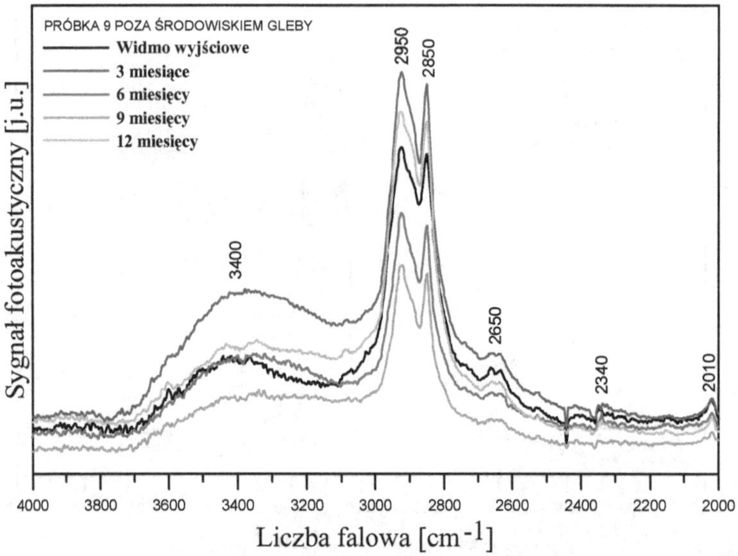

Rysunek 77. Widma FT-IR/PAS wyjściowego opakowania 9 oraz po 3, 6, 9 i 12 miesiącach przebywania nad powierzchnią gleby (zakres 4000-2000 cm^{-1}).

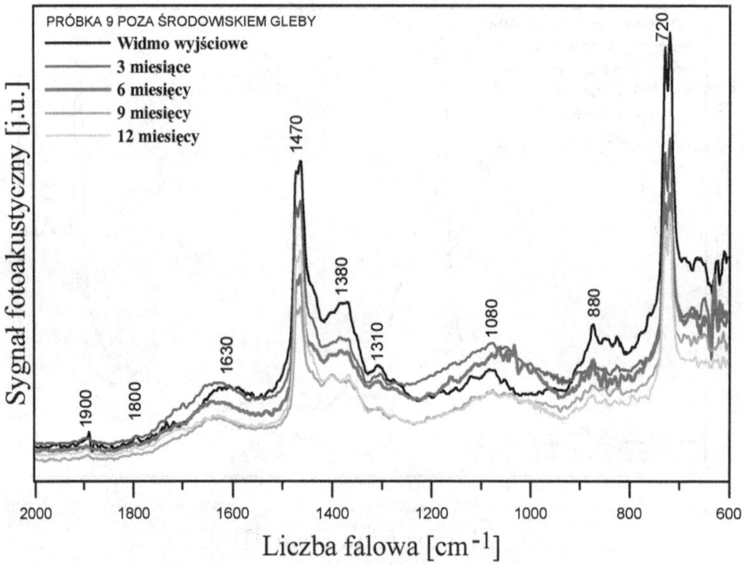

Rysunek 78. Widma FT-IR/PAS wyjściowego opakowania 9 oraz po 3, 6, 9 i 12 miesiącach przebywania nad powierzchnią gleby (zakres 2000-600 cm^{-1}).

Na podstawie obserwacji widm FT-IR/PAS opakowań z tworzyw sztucznych, można stwierdzić, że ilość substancji dodatkowej stanowi niewielką część materiału. Zmiany zaobserwowane w przypadku próbek zalegających w trzech rodzajach gleb (gleba łąkowa, ogrodowa i w pobliżu jeziora) oraz próbek umieszczonych nad powierzchnią gleby wykazały, iż najniższy stopień degradacji osiągnęły próbki folii polietylenowych. Biorąc pod uwagę parametry gleby ogrodowej, która charakteryzowała się najmniejszą wilgotnością lecz największym pH i zawartości substancji organicznej (Tabela 4), można wnioskować, że zawarta jest w niej największa ilość bakterii aerobowych, odpowiadających za proces biodegradacji. Potwierdza to fakt, iż w glebie w okolicy jeziora folie osiągnęły najmniejszy stopień biodegradacji. Na większości widm polimerów zalegających w glebie w pobliżu jeziora, obserwowano zanik pasm pochodzących od połączeń tlenowych. Świadczy to o zaistnieniu i przerwaniu procesu biodegradacji. Jednakże brak nowych pików potwierdzających obecność ugrupowań tlenowych mówi o spadku produktów utlenienia materiału. W wyniku tego proces biodegradacji został zahamowany. Sugeruje to, że prodegradanty w tych przypadkach nie spełniają swojej funkcji, którą jest nie tylko umożliwienie zainicjowania reakcji utleniania, ale również podtrzymywanie reakcji po umieszczeniu w glebie.

W przypadku folii zawierających skrobię, obserwuje się jedynie zmiany intensywności pików. Potwierdza to tezę, że degradacja tego typu materiałów nie jest oparta na jego utlenieniu. Ponadto stopnie biodegradacji próbek 1-3 umieszczonych w różnych miejscach, o zróżnicowanych parametrach, są zbliżone co może świadczyć o mniejszym wpływie mikroorganizmów na rozkład tych polimerów. Zatem podstawowym czynnikiem wpływającym na degradację skrobi jest dostępność wody w otoczeniu. Przeprowadzone badania zawartości wody pokazują niewielką różnice wilgotności gleb.

Na podstawie widocznych zmian w fakturze polimerów umieszczonych w glebie na czas 12 miesięcy można przypuszczać, że foliami, które rozłożą się najszybciej są opakowania 1-3, czyli materiały na bazie skrobi.

Największa intensywność pasm tlenowych, opakowań na bazie surowców petrochemicznych, występowała głownie w przypadku próbek umieszczonych nad powierzchnią ziemi. Świadczy to o udziale mikroorganizmów w procesie biodegradacji zachodzącej w glebie.

II.6. Podsumowanie i wnioski

1) Występowanie na widmach FT-IR/PAS pasm, potwierdzających obecność połączeń tlenowych świadczy o degradacji badanych materiałów.
2) Na podstawie analizy otrzymanych wyników można stwierdzić, że ilość mikroorganizmów w niewielkim stopniu wpływa na degradację badanych tworzyw, o czym świadczy różny poziom biodegradacji badanych opakowań umieszczonych w tym samym rodzaju gleby.
3) Największy wpływ na degradację tworzywa sztucznego ma jego struktura. Ze względu na skład, tworzywa można podzielić na materiały ulegające biodegradacji według mechanizmu hydrolizy i/lub hydrolizy enzymatycznej, albo według mechanizmu opartym na reakcji utleniania materiału.
4) Lekko zasadowe pH gleby oraz poddawanie jej zabiegom agrotechnicznym, polepszającym jej właściwości fizyczne i natlenienie (ogród), stwarzają najlepsze warunki dla rozwoju bakterii aerobowych, co umożliwia szybszą biodegradację.
5) Kwaśny odczyn gleby sprzyja małej zawartości mikroorganizmów wpływających na proces biodegradacji, a tym samym skutkuje niskim stopniem degradacji polimerów.
6) Gleba nieużytkowa (w niniejszej pracy znajdująca się w pobliżu jeziora) stwarza niedogodne warunki dla procesu biodegradacji, o czym świadczy zanik pasm pochodzących od ugrupowań tlenowych na uzyskanych widmach FT-IR/PAS.
7) Całościowe badanie biodegradacji polimerów powinno uwzględniać analizę parametrów gleby, strukturę tworzywa sztucznego, będącego przedmiotem badania, jak również identyfikację i określenie zawartości dodatków, wpływających na proces rozkładu.
8) Mimo deklaracji producentów badanych opakowań, żadne z nich nie uległo całkowitemu rozkładowi w czasie 12 miesięcy, w którymkolwiek otoczeniu.

BIBLIOGRAFIA

1. N. Winterton, *Chemistry for Sustainable Technologies. A Foundation.*, RSC Publishing, Cambrige, 2011, str. 214-217.

2. N. Czaja-Jagielska, *Biodegradacja modyfikowanych folii opakowaniowych z wykorzystaniem glebowych bakterii denitryfikacyjnych,* Wydawnictwo Akademii Ekonomicznej w Paznaniu, Wyd. I, Poznań, 2008.

3. B. Nowak, J. Pająk, T. Płociniczak; S. Łabużek, *Biotechnologia.* **80** (2008) 45.

4. P. Pająk, *Laboratorium.* **5** (2011) 61.

5. J. Rejewski, P. Kijeński, *Polimery.* **711** (2010) 55.

6. K. A. Kijeński, R. Błędzki, J. Jeziórska, *Odzysk i recykling materiałów polimerowych,* PWN, Warszawa, 2011.

7. Z. Zinowicz, J. Gołębiewski, A. Świć, *Technologiczne problemy zagospodarowania odpadów tworzyw sztucznych,* Wydawnictwo Politechniki Lubelskiej, Lublin, 2003.

8. J. F. Rabek, *Współczesna wiedza o polimerach. Wybrane zagadnienia.* PWN, Warszawa, 2008.

9. J. W. Nicholson, *Chemia polimerów.* WNT, Warszawa, 1996, str.130-137.

10. J. Pielichowski, A. Puszyński, *Chemia polimerów.* Wyd. AGH, Kraków, 1998.

11. S. Gogolewski, *Biocybernetyka i Inżynieria Biomedyczna.* **4** (2003) 257-318.

12. S. H. Hamid, *Handbook of polymer degradation.* Marcel Dekker Inc, New York, 2000, str. 277-381.

13. R. Smith, *Biodegradable polymers for industrial applications.* Woodhead Publishing Limited and CRC Press LLC, Boca Raton, Boston, New York, Washington, 2005.

14. I. Jayasekara, I. Harding, G. Bowater, R. Lonergan, *Jurnal of Polymers and the Environment.* **13** (2005) 231.

15. C. Bastioli, *Handbook of Biodegradable Polymers,* Rapra Technology Limited, Shrewsbury, Shropshire, 2005.

16. G. Swift, *Polym. Degrad. Stab.* **59** (1998) 19.

17. R. Malinowski, *Teka. Kom. Bud. Ekspl. Masz. Elektrotech. Bud.* OL-PAN,(2008) 103.

18. M. C. Celina, J. S Wiggins, N. C. Billingham, *Polymer Degradation and Performance,* ACS Symposium Series, 1004, Washington, 2009.

19. R. J. Muller, *Biodegradability of Polymers: Regulation and Method for Testing.* Gesellschaft für Biotechnologische Forschung mbH, Braunschweig, 2005, str. 365-374

20. M. Koutny, J. Lemaire, A. M. Delort, *Chemosphere.*, **64**, (2006) 1243.

21. R. Premraj, M. Double, *Indian Journal of Biotechnology.* **4** (2005) 186.

22. E. Chiellini, A. Corti, G. Swift, *Polym. Degrad. Stabil.* **81** (2003) 341.

23. I. Jakubowicz, *Polym. Degrad. Stab.* **80** (2003) 39.

24. S. Łabużek, B. Nowak, J. Pająk, *Polimery.* **51** (2006) 27.

25. B. Nowak, J. Pająk, S. Łabużek, G. Rymarz, E. Talik, *Polimery.* **56** (2011) 35.

26. H. Żakowska, *Opakowanie.* **11** (2007) 16.

27. M. Weiland, A. Daro, C. David, *Polym. Degrad. Stab.* **48** (1995) 275.

28. S. Łabużek, B. Nowak, J. Pająk, *Pol. J. Environ. Stud.* **13** (2004) 59.

29. R. Gutam, A. S. Bassi, K. E. Yanful, *Applied Biochemystry and Biotechnology.* **141** (2007) 85.

30. S. Łabużek J. Pająk, B. Nowak M. Solga, *Polimery.* **53** (2008) 384.

31. D. Gilead, G. Scott, *Photodegradable plastics in agriculture.* Chapman & Hall, London, 1995.

32. H. Żakowska, G. Ganczewski, *Systemy recyklingu organicznego odpadów opakowaniowych z biodegradowalnych materiałów polimerowych.* Wydawnictwo Uczelniane Zachodniopomorskiego Uniwersytetu Technologicznego w Szczecinie, Szczecin, 2010, str. 143-146.

33. M. Trznadel, *Polimery.* **40** (1995) 485.

34. M. Lisińska-Kuśnierz, M. Ucherek, *Współczesne opakowania,* PTTŻ, Kraków, 2003.

35. C. L. Jun, *J. Polym. Environ.* **18** (2000) 33.

36. D. T. Dias, A. N. Medina, M. L. Baesso, A. C. Bento, M. F. Porto, A. F. Rubira, *Brazilian Jurnal of Physics.* **32** (2002) 523.

37. W. Szczepaniak, *Metody instrumentalne w analizie chemicznej.* PWN, Warszawa, 2008, str. 98-99.

38. K. H. Michaelian, *Photoacoustic Infrared Spectroscopy.* John Wiley & Sons, Hoboken, New Jersey, 2003.

39. J. Ryczkowski, S. Pasieczna, *J.Phys. IV France*, 109 (2003) 79.

40. R. Setnescu, S. Jipa, Z. Osawa, *Polym. Degrad. Stab.* **60** (1998) 377.

41. M. Scoponi, S. Cimmino, M. Kaci, *Polymer.* **41** (2000) 7969.

42. G. Socrates, *Infrared and Raman Characteristic Group Frequencies. Tables and Charts.* Wiley&Sons Ltd., Chichester, 2001.

43. J. O'Keefe, Identification of polymers by IR spectroscopy. *Rubber World.* Lippincott & Peto, Inc, Chicago, 2004.

FSC
www.fsc.org
MIX
Papier | Fördert gute Waldnutzung
FSC® C083411

Kolibri 360 GmbH
Ferdinand-Jühlke-Straße 7
99095 Erfurt, Deutschland
produktsicherheit@kolibri360.de

Druck:
CPI Druckdienstleistungen GmbH
im Auftrag der
Kolibri 360 GmbH
Ferdinand-Jühlke-Str. 7
99095 Erfurt